# Brevísima historia del tiempo

Booket ciencia

## Biografía

**Stephen Hawking** (Oxford, 1942) ocupa actualmente la cátedra Lucasiana de Matemáticas que en otro tiempo ostentó Newton en la Universidad de Cambridge. Reconocido universalmente como uno de los más grandes físicos teóricos del mundo, el profesor Hawking ha escrito, pese a sus enormes limitaciones físicas, docenas de artículos que significan en conjunto una aportación a la ciencia que aún no somos capaces de evaluar adecuadamente. A sus primeras obras de divulgación, *Historia del tiempo. Del big bang a los agujeros negros*, y *El universo en una cáscara de nuez*, se le suman *Brevísima historia del tiempo* y *El gran diseño* –escritas con Leonard Mlodinow– y las antologías *A hombros de gigantes*, *Dios creó los números*, *La gran ilusión* y *Los sueños de los que está hecha la materia*. La biografía oficial del científico, recogida por Kitty Ferguson en el título *Stephen Hawking. Su vida y obra*, fue publicada en Crítica en 2012.

**Leonard Mlodinow** es doctor en física por la Universidad de California en Berkeley. Fue miembro del claustro de Caltech y becario Alexander von Humboldt antes de convertirse en escritor en Hollywood para «Star Trek: The Next Generation» y otras series de éxito en televisión. Su primer libro *Euclid's Window*, una historia de la geometría elogiada por la crítica, ha sido traducida a ocho idiomas. En Crítica ha publicado *El arcoiris de Feynman* (2004), *El andar del borracho* (2008), *Brevísima historia del tiempo* (2005, junto con Stephen Hawking) y *Subliminal* (2013).

# Stephen Hawking y Leonard Mlodinow

## Brevísima historia del tiempo

CRÍTICA

Obra editada en colaboración con Editorial Planeta – España

Título original: *A briefer history of time*
W.W. Norton, Nueva York

Colección dirigida por: José Manuel Sánchez Ron
Catedrático de historia de la ciencia (UAM) y miembro de la Real
Academia Española

Diseño portada: Jaime Fernández
Ilustración de portada: The Book Laboratory

Primera edición impresa en España en Drakontos Bolsillo: junio de 2006
ISBN-10: 84-8432-789-2
ISBN-13: 978-84-8432-789-9

Primera edición impresa en México en Booket: agosto de 2015
Quinta reimpresión: julio de 2017
ISBN: 978-607-747-031-1

Impreso en los talleres de Impresora y Editora Infagon, S.A. de C.V.
Escobillera número 3, colonia Paseos de Churubusco, Ciudad de México.
Impreso en México – Printed in Mexico

# Prefacio

*El título del presente libro difiere en apenas una palabra del publicado por primera vez en 1988. Aquella* Historia del tiempo *se mantuvo durante meses en la lista de libros más vendidos en todo el mundo, de tal modo que su número de ventas supone que uno de cada setecientos cincuenta hombres, mujeres y niños de la tierra compraron un ejemplar. Resulta éste un éxito sorprendente para una obra dedicada a algunas de las cuestiones más difíciles de la ciencia actual; y es que, sin embargo, son en realidad las más atractivas, ya que conforman los interrogantes básicos de la humanidad: ¿Qué sabemos realmente del universo? ¿Cómo lo sabemos? ¿De dónde procede y a dónde se dirige? Estas preguntas eran la esencia de* Historia del tiempo *y son también el tema central de este libro.*

*En los años transcurridos desde la publicación de* Historia del tiempo, *hemos recibido multitud de reacciones de lectores de todas las edades, de todas las profesiones y de todo el planeta. Ellos nos han solicitado con insistencia una nueva versión que mantuviera la esencia de aquella obra pero que explicara con mayor claridad y amenidad los conceptos más importantes. Aunque cabría esperar que un libro de tales características acabara por titularse* Historia menos breve del tiempo, *también quedaba claro que pocos lectores deseaban una disertación extensa, como si se*

*Stephen Hawking*
*en 2001*

*tratara de un texto universitario de cosmología. De ahí el enfoque actual. Al escribir* Brevísima historia del tiempo *hemos conservado y ampliado el contenido esencial del libro original, pero hemos intentado mantener su extensión y legibilidad. Esta historia es, en efecto, más breve, ya que hemos excluido los contenidos más técnicos, pero creemos haberlo compensado con creces con un tratamiento más exigente del material que realmente constituye el núcleo del ensayo.*

*También hemos aprovechado la oportunidad para actualizar el texto e incorporar nuevos resultados teóricos y derivados de la observación.* Brevísima historia del tiempo *describe los avances más recientes en la búsqueda de una teoría unificada completa de todas las fuerzas de la física. En particular, describe el progreso realizado en la teoría de cuerdas y las «dualidades» o correspondencias entre teorías físicas aparentemente diferentes, que parecen indicar la existencia de una teoría unificada de la física. En la vertiente práctica, el libro incluye nuevas observaciones importantes, como las efectuadas por el satélite* Cosmic Background Explorer *(COBE) y el telescopio espacial* Hubble.

*Hace unos cuarenta años, Richard Feynman dijo: «Tenemos la suerte de vivir en un momento en que aún se hacen descubrimientos. Es como ir en busca de América: sólo se nos aparece una vez. Nuestra época es la del descubrimiento de las leyes fundamentales de la naturaleza». Hoy estamos más cerca que nunca de comprender los fundamentos del universo. El objetivo de este libro es compartir la excitación de esos descubrimientos y la nueva imagen de la realidad que de ellos emerge.*

# 1

## Hablando del universo

...loso. Se ne-
...ra apreciar
...eza. Podría

parecer que el lugar que ocupamos los humanos en este
vasto cosmos es insignificante; quizá por ello tratamos de
encontrarle un sentido y de ver cómo encajamos en él.
Hace algunas décadas, un célebre científico (algunos dicen que se trataba de Bertrand Russell) dio una conferencia sobre astronomía. Describió cómo la tierra gira alrededor del sol y cómo éste, a su vez, gira alrededor de un
inmenso conjunto de estrellas al que llamamos nuestra galaxia. Al final de la conferencia, una vieja señora se levan-
tó del fondo de la sala y dijo: «Todo lo que nos ha conta-
do son disparates. En realidad, el mundo es una placa
plana que se sostiene sobre el caparazón de una tortuga
gigante». El científico sonrió con suficiencia antes de re-
plicar: «¿Y sobre qué se sostiene la tortuga?». «Se cree usted muy agudo, joven, muy agudo», dijo la anciana.
«¡Pero hay tortugas hasta el fondo!»
    La mayoría de nuestros contemporáneos consideraría
ridículo imaginar el universo como una torre infinita de
tortugas. Pero ¿por qué nos empeñamos en creer que sabemos más? Olvidemos un minuto lo que conocemos —o
creemos conocer— del espacio y levantemos la vista hacia

el cielo nocturno. ¿Qué pensamos que son todos estos minúsculos puntos luminosos? ¿Son fuegos diminutos? Resulta difícil imaginar lo que son en realidad, ya que exceden inmensamente nuestra experiencia ordinaria. Si observamos con regularidad las estrellas, probablemente nos habremos fijado en una luz elusiva que sobrevuela el horizonte en el crepúsculo. Es un planeta, Mercurio, pero es muy diferente de la tierra. En él, un día dura dos tercios de lo que dura su año. Alcanza temperaturas que sobrepasan los 400 °C cuando lo ilumina el sol, y cae a –200 °C en la oscuridad de la noche. Aun así, por muy diferente que sea Mercurio de nuestro planeta, no se confunde con las estrellas típicas, con sus inmensos hornos que queman miles de millones de kilos de materia cada segundo, y cuyos núcleos se hallan a decenas de millones de grados.

Otra cosa que nos cuesta imaginar es la distancia a que se encuentran realmente los planetas y las estrellas. Los antiguos chinos construyeron torres de piedra para poderlos contemplar más de cerca. Es natural pensar que las estrellas y los planetas se hallan más próximos de lo que realmente están; al fin y al cabo, en nuestra vida cotidiana no tenemos experiencia alguna de las enormes distancias espaciales. Dichas distancias son tan grandes que ni siquiera tiene sentido expresarlas en metros o en kilómetros, las unidades con que expresamos la mayoría de longitudes. En su lugar, utilizamos el año-luz, que es la distancia recorrida por la luz en un año. En un segundo, un haz de luz recorre 300.000 kilómetros, de manera que un año-luz es en efecto una distancia muy grande. La estrella más próxima a nuestro sol, denominada Proxima Centauri (o Alfa Centauri), se halla a unos cuatro años-luz. Está tan lejos que incluso con la nave espacial tripulada más veloz de que disponemos en la actualidad un viaje hasta ella duraría unos diez mil años.

Los antiguos se esforzaron mucho por entender el universo, pero entonces no disponían de nuestras matemáticas y nuestra ciencia. En la actualidad contamos con recursos poderosos: herramientas intelectuales como las matemáticas y el método científico, e instrumentos tecnológicos como ordenadores y telescopios. Con su ayuda, los científicos han acumulado un rico acervo de conocimientos sobre el espacio. Pero ¿qué sabemos en realidad del universo, y cómo lo conocemos? ¿De dónde viene el universo? ¿Adónde va? ¿Tuvo un inicio? y, si es así, ¿qué pasó antes de él? ¿Cuál es la naturaleza del tiempo? ¿Tendrá un final? ¿Podemos retroceder en el tiempo? Avances recientes de la física, que debemos en parte a las nuevas tecnologías, sugieren respuestas a algunas de estas antiquísimas preguntas. Algún día, estas respuestas nos parecerán tan obvias como que la tierra gire alrededor del sol..., o quizá tan ridículas como una torre de tortugas. Sólo el tiempo (sea lo que sea) lo dirá. (El tiempo solo puede dar respuesta dentro de su influencia a la materia; El Deterioro). (La respuesta depende de la relación e influencia de la Mente a la Materia).

# Nuestra imagen cambiante del universo

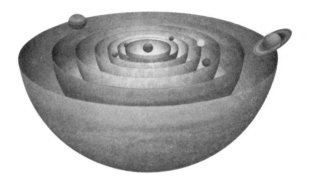

Aunque incluso en épocas tan tardías como la de Cristóbal Colón era frecuente encontrar gente que creía que la tierra era plana (también hoy encontraríamos algunas personas que lo siguen pensando), podemos situar las raíces de la astronomía moderna en los antiguos griegos. Alrededor de 340 a.C., el filósofo griego Aristóteles escribió un libro titulado *De Caelo* («Sobre el cielo»), en el que daba buenos argumentos para creer que la tierra era una esfera y no un disco plano.

Uno de los argumentos estaba basado en los eclipses de luna. Aristóteles observó que estos eclipses se debían a que la tierra se interponía entre el sol y la luna. Cuando ello ocurría, la tierra proyectaba su sombra sobre la luna, causando así su eclipse. Aristóteles observó que la sombra de la tierra siempre era redonda. Esto es lo que cabría esperar si la tierra fuese una esfera, pero no si fuera un disco plano, en cuyo caso su sombra sólo sería redonda si el eclipse se produjera justo en el momento en que el sol estuviera debajo del centro del disco. En las demás ocasiones, la sombra sería alargada: tendría forma de elipse (una elipse es un círculo alargado).

Los griegos tenían otro argumento a favor de la esfericidad de la tierra. Si ésta fuera plana, un navío que se acercara desde el horizonte primero debería aparecer

*Un barco asoma por el horizonte*

como un punto sin caracteres y, a medida que se aproximara, permitiría que fuésemos observando cada vez más detalles, como las velas y el casco. Pero no es esto lo que ocurre. Cuando un barco aparece en el horizonte, lo primero que divisamos son sus velas, y sólo más tarde podemos observar el casco. El hecho de que sus mástiles, que se elevan muy por encima del casco, sean la primera parte del barco que asoma sobre el horizonte constituye una evidencia de que la tierra es una esfera.

Los griegos también escrutaron con atención el cielo nocturno. Ya en tiempos de Aristóteles, habían pasado siglos reuniendo información sobre cómo se desplazaban las lucecitas del cielo nocturno. Observaron que, aunque casi todos los millares de luces visibles en el cielo parecían moverse conjuntamente, cinco de ellas (sin contar la luna) no lo hacían así. A veces se apartaban de un camino regu-

Anexión de Extractos:

1: Fragmento histórico de la creencia a la
verdad a través de la errónea afirmación

a avanzar.
nino que en
blo conocie-
observar a
y Saturno.
rias celestes
mueven en
os planetas,
ue su movi-
plejo que el

oso y que el
an en círcu-

los a su alrededor. Pío creía porque pensaba, por motivos
más bien místicos, que la tierra estaba en el centro del universo y que el movimiento circular era el más perfecto. En
el siglo II a.C. otro griego, Ptolomeo, convirtió esta idea en
un modelo completo del firmamento. Ptolomeo sentía
una gran pasión por sus estudios. «Cuando sigo a placer la
apretada multitud de las estrellas en su camino circular»,
escribió, «mis pies dejan de tocar el suelo.»

En el modelo de Ptolomeo, ocho esferas rotantes rodeaban la tierra. Cada esfera era mayor que la anterior,
como en un juego de muñecas rusas, y la tierra estaba en
el centro de todas ellas. Lo que hubiera más allá de la última esfera no estaba claro, pero ciertamente no formaba
parte del universo observable para los hombres. Así, la esfera más externa era considerada una especie de frontera,
o de recipiente, del universo. Las estrellas ocupaban en
ella posiciones fijas, de manera que, cuando la esfera giraba, las estrellas permanecían en las mismas posiciones relativas entre sí, y giraban conjuntamente, en grupos, a través del espacio, tal como lo observamos. Las esferas
interiores transportaban los planetas, pero éstos, a dife-

(Respecto al extracto 1°: Debo plasmar aquí la cuestión
de: ¿Cómo sabemos que el contexto no sucede aún hoy
siendo la afirmación un acto precipitado e igualante?)

rencia de lo que pasaba con las estrellas, no estaban fijados a sus propias esferas, sino que se movían respecto a ellas en pequeños círculos denominados epiciclos. Al girar las esferas planetarias, los planetas giraban a su vez respecto a ellas, de modo que sus trayectorias en relación a la tierra resultaban muy complicadas.

De esta manera, Ptolomeo consiguió explicar por qué las trayectorias observadas de los planetas son mucho más complicadas que unos simples círculos en el cielo.

El modelo de Ptolomeo proporcionó un sistema considerablemente preciso para predecir las posiciones de los objetos celestes en el firmamento. Pero para poderlo hacer correctamente, Ptolomeo tuvo que suponer que la trayectoria de la luna algunas veces se acercaba a la tierra el doble que otras, lo cual significaba que la luna ¡unas veces debería verse el doble de grande que otras! Ptolomeo admitió este fallo, a pesar de lo cual su modelo consiguió una amplia aceptación, aunque no completamente universal. Fue adoptado por la Iglesia católica como la imagen del universo compatible con las Escrituras, ya que ofrecía la ventaja de disponer, más allá de la esfera de las estrellas fijas, de vastos espacios para el cielo y el infierno.

Sin embargo, en 1514 un sacerdote polaco, Nicolás Copérnico, propuso otro modelo. (Al principio, por miedo a ser quemado por hereje por la Iglesia, Copérnico hizo circular su modelo anónimamente.) Copérnico tuvo la revolucionaria idea de que no todos los cuerpos celestes deben girar alrededor de la tierra. De hecho, su idea era que el sol estaba en reposo en el centro del sistema solar y que la tierra y los planetas se movían en órbitas circulares a su alrededor. El modelo de Copérnico, como el de Ptolomeo, funcionaba bien, pero no concordaba perfectamente con lo que se observaba. No obstante, como era mucho más simple que el de Ptolomeo, se podría haber esperado que la gente lo adoptase. Y sin embargo, tuvo que transcurrir casi un siglo hasta que la idea fue tomada seriamente en consideración, cuando dos astrónomos, el alemán Johannes Kepler y el italiano Galileo Galilei, empezaron a defender públicamente la teoría copernicana.

En 1609, Galileo empezó a estudiar el cielo nocturno con un telescopio, que acababa de ser inventado. Al observar el planeta Júpiter, descubrió que estaba acompañado por varios satélites pequeños, o lunas, que giraban a su alrededor. Ello revelaba que no todo tenía que girar directamente alrededor de la tierra, a diferencia de lo que habían pensado Aristóteles y Ptolomeo. En la misma época, Kepler perfeccionó la teoría de Copérnico, sugiriendo que los planetas no se movían en círculos sino en elipses: con este cambio, las predicciones de la teoría pasaron a concordar con las observaciones. Estos acontecimientos asestaron un golpe mortal al modelo de Ptolomeo.

Aunque las órbitas elípticas mejoraban el modelo de Copérnico, para Kepler eran tan sólo una hipótesis provisional, ya que tenía ideas preconcebidas sobre la naturaleza, que no estaban basadas en observación alguna y, al igual que Aristóteles, consideraba que las elipses eran menos perfectas que los círculos. La idea de que los planetas se movieran a lo largo de estas trayectorias imperfectas le resultaba demasiado poco elegante para ser considerada la verdad definitiva. Otra cosa que le preocupaba era que no lograba conciliar las órbitas elípticas con su idea de que lo que hacía girar los planetas alrededor del sol eran fuerzas magnéticas. Aunque Kepler se equivocaba al considerar las fuerzas magnéticas como la causa de las órbitas de los planetas, se le debe reconocer el mérito de advertir que ha de existir una fuerza responsable del movimiento. La verdadera explicación de por qué los planetas giran alrededor del sol sólo se ofreció mucho más tarde, en 1687, cuando sir Isaac Newton publicó su *Philosophiae Naturalis Principia Mathematica*, probablemente la obra más importante jamás publicada en ciencias físicas.

En los *Principia*, Newton formuló una ley que establecía que todos los objetos que se hallan naturalmente en reposo permanecen en reposo a no ser que una fuerza actúe sobre ellos, y describió cómo los efectos de una fuerza hacen que un objeto se ponga en marcha o cambie su movimiento. Así, ¿por qué los planetas trazan elipses alrededor del sol? Newton dijo que ello se debía a una fuerza particular, y afirmó que era la misma que hace que los objetos caigan al suelo en lugar de permanecer en reposo en el aire cuando los soltamos. Denominó a esta fuerza «gravedad» (antes de Newton, la palabra «gravedad» significaba o bien un estado de ánimo serio o bien la cualidad de ser pesado). Newton también inventó las matemáticas que demostraban numéricamente cómo reaccionan los objetos cuando una fuerza, como la gravedad, actúa sobre ellos, y resolvió las ecuaciones resultantes. De esta manera, consiguió demostrar que debido a la gravedad del sol, la tierra y los otros planetas deben moverse en elipses, tal como Kepler había predicho. Newton afirmó que sus leyes se aplicaban a todos los cuerpos del universo, desde la caída de una manzana hasta los movimientos de las estrellas y los planetas. Por primera vez en la historia, alguien lograba explicar el movimiento de los planetas a partir de leyes que también determinan los movimientos sobre la tierra, lo que representó el comienzo de la física y la astronomía modernas.

Libres ya de las esferas de Ptolomeo, no había motivo alguno para suponer que el universo tenía una frontera natural (la esfera más exterior). Además, como las estrellas no parecían cambiar de posición, aparte de su giro aparente en el cielo debido a la rotación de la tierra sobre su eje, pareció natural suponer que eran objetos como el sol pero mucho más lejanos. Con ello abandonamos no sólo la idea de que la tierra es el centro del universo, sino incluso la idea de que el sol, y quizás el sistema solar, fuera algo más que una característica ordinaria del universo.

# 3

## La naturaleza
## de las teorías científicas

Para hablar sobre la naturaleza del universo y discutir cuestiones como, por ejemplo, si tuvo un principio o tendrá un final, debemos tener claro qué es una teoría científica. Adoptaremos el punto de vista simplificado de que una teoría es tan sólo un modelo del universo, o de una parte restringida de él, y un conjunto de reglas que relacionan las magnitudes de dicho modelo con las observaciones que efectuamos. Sólo existe en nuestras mentes y no tiene realidad (sea lo que sea lo que signifique esto) fuera de ellas. Una teoría es buena si satisface dos requisitos: describir con precisión una amplia clase de observaciones sobre la base de un modelo que contenga tan sólo unos pocos elementos arbitrarios, y efectuar predicciones definidas acerca de los resultados de futuras observaciones. Por ejemplo, Aristóteles aceptaba la teoría de Empédocles de que todo estaba formado por cuatro elementos: tierra, aire, fuego y agua. Esto era suficientemente simple, pero no conducía a predicciones definidas. En cambio, la teoría de la gravedad de Newton está basada en un modelo aún más simple, en que los cuerpos se atraen mutuamente con una fuerza proporcional a una magnitud llamada su masa e inversamente proporcional al cuadrado de la distancia entre ellos. Y a pesar de esta simplicidad, predice los movimientos del sol, la luna y los planetas con un alto grado de precisión.

Las teorías físicas son siempre provisionales, en el sentido de que sólo son hipótesis: nunca las podemos demostrar. Sea cual sea el número de veces que los resultados de los experimentos concuerden con alguna teoría, nunca podemos estar seguros de que la siguiente vez el resultado no la va a contradecir. En cambio, podemos refutar una teoría encontrando una sola observación que discrepe de sus predicciones. Como afirmaba el filósofo de la ciencia Karl Popper, una buena teoría se caracteriza por hacer un número de predicciones que podrían en principio ser refutadas o falsadas por la observación. Cada vez que nuevos experimentos concuerdan con sus predicciones, la teoría sobrevive y nuestra confianza en ella aumenta; pero cuando se halla una nueva observación que discrepa de ella, debemos modificar o abandonar la teoría. Al menos, esto es lo que se supone que debería ocurrir, aunque siempre es posible cuestionar la competencia de la persona que efectuó la observación.

En la práctica, a menudo ocurre que una nueva teoría propuesta es en realidad una extensión de alguna teoría anterior. Por ejemplo, observaciones muy precisas del planeta Mercurio revelaron una pequeña diferencia entre su movimiento y las predicciones de la teoría newtoniana de la gravedad. La teoría general de la relatividad de Einstein predecía un movimiento ligeramente diferente del de la teoría de Newton. El hecho de que las predicciones de Einstein, y no las de Newton, concordaran con las observaciones fue uno de los espaldarazos decisivos de la nueva teoría. Sin embargo, a efectos prácticos seguimos utilizando la teoría de Newton, porque la diferencia entre sus predicciones y las de la relatividad general es muy pequeña en las situaciones con que normalmente tratamos. (Y la teoría de Newton, además, tiene la gran ventaja de que a la hora de trabajar con ella resulta mucho más simple que la teoría de Einstein...)

El objetivo final de la ciencia es conseguir una sola teoría que describa todo el universo. Sin embargo, el enfoque de la mayoría de los científicos actuales consiste en descomponer el problema en dos partes. En primer lugar, están las leyes que nos dicen cómo cambia el universo con el tiempo. (Si sabemos que el universo es de una cierta manera en un momento dado, las leyes físicas nos dicen qué aspecto tendrá en cualquier momento posterior.) En segundo lugar está la cuestión del estado inicial del universo. Mucha gente cree que a la ciencia sólo debería concernirle la primera parte, y consideran la cuestión de la situación inicial un tema reservado a la metafísica o la religión. Dirían que Dios, ser omnipotente, podría haber iniciado el universo de cualquier forma que hubiera deseado. Es posible, en efecto, pero en tal caso también podría haber hecho que evolucionara de una forma completamente arbitraria. En cambio, parece que decidió que evolucionara de manera muy regular, de acuerdo con ciertas leyes. Por lo tanto, parece igualmente razonable suponer que también hay leyes que gobiernan el estado inicial.

Resulta muy difícil idear una teoría que describa todo el universo en una sola formulación. Así pues, desglosamos el problema en partes e inventamos un número de teorías parciales, cada una de las cuales describe y predice una cierta clase limitada de observaciones, y omite los efectos de las otras magnitudes, o las representa como un simple conjunto de parámetros numéricos. Podría ser que este enfoque fuera completamente erróneo. Si todas las cosas del universo dependen de todas las demás de una manera fundamental, podría ser imposible aproximarse a una solución completa investigando aisladamente las partes del problema. Sin embargo, es ciertamente la manera con la que hemos progresado en el pasado. El ejemplo clásico es la teoría newtoniana de la gravedad, que afirma que la fuerza gravitatoria entre dos cuerpos depende tan sólo de un número asociado con cada cuerpo, su masa, pero es independiente del material de que estén hechos los cuerpos. Así, no se necesita tener una teoría de la estructura y la constitución del sol y los planetas para calcular sus órbitas.

Actualmente, los científicos explican el universo mediante dos teorías parciales básicas, la teoría general de la relatividad y la mecánica cuántica, que son los grandes hitos intelectuales de la primera mitad del siglo xx. La teoría general de la relatividad describe la fuerza de la gravedad y la estructura a gran escala del universo, es decir, la estructura a escalas comprendidas entre unos pocos kilómetros y unos billones de billones (un uno con veinticuatro ceros detrás) de kilómetros, el tamaño del universo observable. En cambio, la mecánica cuántica trata fenómenos a escalas extremadamente pequeñas, como una billonésima de milímetro. Desgraciadamente, sin embargo, se sabe que estas dos teorías son incoherentes entre sí: ambas no pueden ser correctas a la vez. Uno de los mayores retos de la física actual, y el tema principal de este libro, es la búsqueda de una nueva teoría que las incorpore a ambas: una teoría cuántica de la gravedad. Carecemos, por ahora, de una teoría de estas características, y puede que todavía estemos lejos de tenerla, pero ya sabemos muchas de las propiedades que esa teoría debería tener. Y veremos, en capítulos posteriores, que ya conocemos una cantidad considerable de predicciones que una teoría cuántica de la gravedad debería hacer.

Ahora, si creemos que el universo no es arbitrario sino que está gobernado por leyes definidas, tendremos que cambiar en último término las teorías parciales para que encajen en una teoría unificada completa que describa todas las cosas del universo. Pero tras la búsqueda de tal teoría unificada completa acecha una paradoja fundamental. Las ideas sobre las teorías científicas subrayadas anteriormente suponen que somos seres racionales libres para observar el universo como queremos y para sacar conclusiones lógicas a partir de lo que observamos. En este esquema, es razonable suponer que podemos progresar cada vez más hacia las leyes que rigen nuestro universo. Sin embargo, si una teoría fuera realmente unificada y completa, presumiblemente también determinaría nuestros actos y, por tanto, ¡esa misma teoría determinaría nuestra búsqueda de ella! ¿Y por qué debería determinar que lleguemos a las conclusiones correctas a partir de las evidencias? ¿No podría determinar igualmente que llegáramos a conclusiones incorrectas? ¿O a ninguna conclusión?

La única respuesta que puedo dar a este problema está basada en el principio de Darwin de la selección natural. La idea es que, en cada población de organismos que se autorreproducen, habrá variaciones en el material genético y en la educación de los diferentes individuos. Esas diferencias harán que algunos de estos individuos sean más capaces que otros de obtener conclusiones correctas sobre el mundo que nos rodea y de actuar en consecuencia. Estos individuos serán más capaces de sobrevivir y reproducirse, de manera que su patrón de conducta y de pensamiento pasará a dominar. Ciertamente, es verdad que en el pasado lo que llamamos inteligencia y descubrimiento científico ha supuesto ventajas para la supervivencia. No está tan claro que siga siendo así: puede que nuestros descubrimientos científicos nos destruyan a todos o, incluso si no lo hacen, puede que una teoría unificada completa no entrañe una gran diferencia en lo que respecta a nuestras posibilidades de supervivencia. Sin embargo, en el supuesto de que el universo haya evolucionado de una manera regular, podríamos esperar que las capacidades de razonamiento que la selección natural nos ha proporcionado sean también válidas en nuestra búsqueda de una teoría unificada completa y, por lo tanto, que no nos conduzcan a conclusiones erróneas.

Como las teorías parciales de que ya disponemos bastan para hacer predicciones precisas en todas las situaciones salvo las más extremas, la búsqueda de una teoría última del universo parece difícil de justificar sobre bases prácticas. (Cabe señalar, sin embargo, que argumentos similares podrían haberse utilizado contra la relatividad y la mecánica cuántica, que nos han proporcionado la energía nuclear y la revolución microelectrónica.) Es posible, por lo tanto, que el descubrimiento de una teoría unificada completa no contribuya a la supervivencia de nuestra especie, o que ni tan siquiera afecte a nuestro modo de vida. Pero, desde los albores de las civilizaciones, no nos hemos conformado con contemplar acontecimientos inconexos e inexplicables, sino que hemos forjado una comprensión del orden subyacente del mundo. Actualmente aún nos esforzamos para saber por qué estamos aquí y de dónde venimos realmente. El profundísimo deseo de la humanidad de conocer es justificación suficiente para proseguir nuestra investigación. Y nuestro objetivo es nada menos que una descripción completa del universo en que vivimos.

# 4

# El universo
# newtoniano

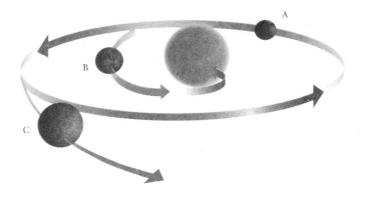

Nuestras actuales ideas sobre el movimiento de los cuerpos datan de Galileo y Newton. Antes de ellos, la gente creía a Aristóteles, quien sostenía que el estado natural de los cuerpos era estar en reposo, y que sólo se movían si eran impulsados por una fuerza o un impacto. Se seguía de ello que un cuerpo más pesado debería caer más rápidamente que uno ligero porque sería atraído hacia la tierra con mayor intensidad. La tradición aristotélica también afirmaba la posibilidad de deducir todas las leyes que gobiernan el universo mediante puro razonamiento, sin que fuera necesario comprobarlas a través de la observación. Así pues, nadie hasta Galileo se tomó la molestia de comprobar si cuerpos de peso diferente caían realmente a velocidades diferentes. Se dice que Galileo demostró que la creencia de Aristóteles era falsa dejando caer pesos desde la torre inclinada de Pisa, en Italia. Aunque la historia probablemente sea apócrifa, Galileo hizo algo equivalente: dejó rodar por una suave pendiente bolas de pesos distintos. La situación es parecida a la caída vertical de los cuerpos pesados, pero más fácil de observar porque las velocidades son menores. Las medidas de Galileo indicaron que la tasa de aumento de la velocidad era la misma para todos los cuerpos, independientemente de su peso. Por ejemplo, si dejamos rodar una bola por una pendien-

te que descienda un metro por cada diez metros de longitud, la bola bajará por ella con una velocidad de aproximadamente un metro por segundo al cabo de un segundo,
de dos metros por segundo al cabo de dos segundos y así
sucesivamente, con independencia de cuál sea su peso.
Naturalmente, un peso de plomo caerá más rápido que
una pluma, pero esto es debido tan sólo a que la pluma es
frenada por la resistencia del aire. Si dejamos caer cuerpos que no ofrezcan demasiada resistencia al aire, como
dos pesos de plomo diferentes, caerán a la misma tasa.
(Veremos después por qué es así.) En la luna, donde no
hay aire que frene las cosas, el astronauta David R. Scott
realizó el experimento de la pluma y el peso de plomo y
comprobó que, efectivamente, ambos chocaban con el
suelo en el mismo instante.

Las mediciones de Galileo fueron utilizadas por Newton como punto de partida para establecer sus leyes del
movimiento. En los experimentos de Galileo, cuando un

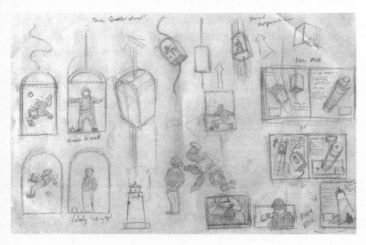

*Atracción gravitatoria*

cuerpo se deslizaba pendiente abajo siempre tiraba de él
la misma fuerza (el peso), y su efecto era el de proporcio-
narle una aceleración constante. Esto demostraba que el
efecto real de una fuerza es modificar la velocidad de los
cuerpos, y no únicamente ponerlos en movimiento, como
se pensaba antes. También significaba que si sobre un
cuerpo no actúa ninguna fuerza, se seguirá moviendo en
línea recta con velocidad constante. Esta idea fue enun-
ciada explícitamente por vez primera en los *Principia Mathematica* de Newton, publicados en 1687, y se la conoce
como primera ley de Newton. Lo que ocurre cuando una
fuerza actúa sobre un cuerpo es descrito por la segunda
ley de Newton, que establece que el cuerpo se acelerará,
es decir, cambiará su velocidad, a un ritmo proporcional a
la fuerza. (Por ejemplo, la aceleración es el doble de grande si la fuerza se duplica.) La aceleración también es menor cuanto mayor es la masa (o cantidad de materia) del
cuerpo. (La misma fuerza actuando sobre un cuerpo del
doble de masa producirá la mitad de aceleración.) Un
ejemplo familiar lo proporciona un automóvil: cuanto
más potente es su motor, mayor es su aceleración, pero
cuanto más pesado sea el automóvil, menor será su aceleración para un mismo motor.

Además de las leyes del movimiento, que describen
cómo reaccionan los cuerpos a las fuerzas que les son aplicadas, la teoría de Newton de la gravedad describía cómo
determinar la intensidad de un tipo de fuerza particular, a
saber, la gravedad. Como hemos dicho, esta teoría afirma
que cada cuerpo atrae a cualquier otro cuerpo con una
fuerza proporcional a la masa de éste, es decir, que la
fuerza entre dos cuerpos es el doble de intensa si uno de
ellos (por ejemplo, A) tiene el doble de masa. Esto es lo
que cabía esperar, porque podríamos imaginar el nuevo
cuerpo A como formado por dos cuerpos, cada uno de

ellos con la masa original, atrayendo cada uno de ellos al cuerpo B con la fuerza original. Así pues, la fuerza total entre A y B sería el doble de la fuerza original. Y si, digamos, uno de los cuerpos tuviera seis veces su masa, o uno tuviera el doble de masa y el otro el triple de masa, la fuerza entre ambos sería seis veces más intensa.

Podemos comprender ahora por qué todos los cuerpos caen con el mismo ritmo. Según la ley de Newton de la gravedad, un cuerpo con el doble de masa será atraído por el doble de fuerza de gravitación. Pero también tendrá dos veces más masa y por lo tanto, según la segunda ley de Newton, la mitad de aceleración por unidad de fuerza. Según las leyes de Newton, pues, estos dos efectos se anulan exactamente entre sí, de manera que la aceleración será la misma, sea cual sea su peso.

La ley de la gravedad de Newton también establece que cuanto más separados estén los cuerpos, menor será la fuerza entre ellos. Así, la ley de Newton afirma que la fuerza de gravitación producida por una estrella dada es exactamente un cuarto de la fuerza producida por otra estrella similar que esté a mitad de distancia de la primera. Esta ley predice con gran precisión las órbitas de la tierra, la luna y los planetas. Si la ley estableciera que la atracción gravitatoria de una estrella disminuye más rápidamente con la distancia, las órbitas de los planetas no serían elípticas, sino que se precipitarían en espiral hacia el sol o escaparían de él.

La gran diferencia entre las ideas de Aristóteles y las de Galileo o Newton es que el primero creía en un estado preferido de reposo, al que todo cuerpo tendería si no fuera movido por alguna fuerza o impacto. En particular, pensaba que la tierra se hallaba en reposo. Pero de las leyes de Newton se sigue que no hay un único patrón de reposo, ya que tanto podría afirmarse que el cuerpo A está en reposo y el cuerpo B se mueve a velocidad constante con respecto a A, como que el cuerpo B está en reposo y el cuerpo A se mueve. Por ejemplo, si prescindimos por un instante de la rotación de la tierra y su órbita alrededor del sol, podemos decir que la tierra está en reposo y que un tren se mueve con respecto a ella hacia el norte a cien kilómetros por hora, o que el tren está en reposo y la tierra se está moviendo hacia el sur a cien kilómetros por hora. Si hiciéramos experimentos en el tren en movimiento, todas las leyes de Newton se seguirían cumpliendo. Por ejemplo, al jugar a ping-pong en el tren comprobaríamos que la bola obedece las leyes de Newton exactamente igual que una bola sobre una mesa en reposo con respecto a las vías. Por lo tanto, no hay manera de decir si se mueve la tierra o se mueve el tren.

¿Quién tiene razón, Newton o Aristóteles? ¿Y cómo lo podemos decidir? Una manera de averiguarlo sería ésta: imaginemos que estamos encerrados en una caja y que no sabemos si ésta se halla en reposo en un vagón o en tierra firme, el patrón de reposo para Aristóteles. ¿Existe alguna manera de determinar en cuál de estas situaciones nos hallamos? Si es así, quizás Aristóteles estaba en lo cierto: estar en reposo en la tierra tendría algo especial. Pero no hay ninguna manera de conseguirlo: si efectuáramos experimentos en la caja en el tren en marcha, darían exactamente los mismos resultados que si la caja estuviera en tierra (suponiendo que en la vía del tren no hubiera protuberancias, curvas o imperfecciones). Jugando a ping-pong en el tren, veríamos que la bola se comportaría igual que si estuviéramos en reposo con respecto a la vía. Y si estuviéramos en la caja y jugáramos a velocidades diferentes, digamos a 0, 50 o 100 kilómetros por hora, con respecto a la tierra, la bola se comportaría siempre de la misma manera. Así funciona el mundo, y esto es lo que reflejan matemáticamente las leyes de Newton: no hay manera de decir si se está moviendo el tren o la tierra. El concepto de movimiento sólo tiene sentido con relación a otros objetos.

¿Importa realmente que sea Aristóteles o Newton quien está en lo cierto? ¿Es meramente una cuestión de gustos o de filosofía, o una diferencia relevante para la ciencia? En realidad, la falta de un patrón absoluto de reposo conlleva profundas consecuencias físicas: significa que no es posible determinar si dos acontecimientos que tuvieron lugar en momentos diferentes se produjeron en la misma posición en el espacio.

Para entenderlo mejor, supongamos que alguien en un tren que avanza a cuarenta metros por segundo hace rebotar una pelota de ping-pong sobre una mesa, en la misma posición, a intervalos de un segundo. Para esta persona, las posiciones entre rebotes sucesivos tendrán una separación espacial nula. En cambio, un observador situado junto a las vías afirmará que dos rebotes sucesivos se

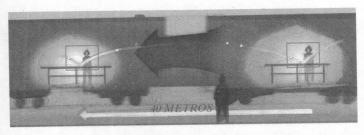

*Relatividad de la distancia*

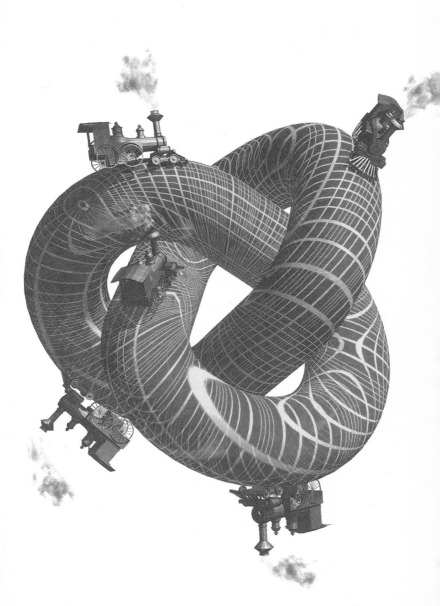

producen a cuarenta metros de distancia el uno del otro, ya que el tren se habrá desplazado esta distancia entre los rebotes. Según Newton, ambos observadores tienen el mismo derecho a considerarse en reposo, de manera que ambas perspectivas son igualmente aceptables. No hay uno que salga favorecido respecto al otro, a diferencia de lo que ocurría en Aristóteles. Las posiciones de los acontecimientos, y las distancias entre ellos, observadas por una persona en el tren y otra en las vías, serán diferentes, pero no existe razón para preferir las observaciones de una persona a las de la otra.

A Newton le inquietaba esta falta de una posición absoluta, o de un espacio absoluto (como se llamaba), porque no se correspondía con su idea de un Dios absoluto. De hecho, rehusó aceptar la inexistencia de un espacio absoluto, aunque ello estaba implícito en sus leyes. Esta creencia irracional le valió severas críticas, especialmente las del obispo Berkeley, un filósofo que consideraba que los objetos materiales, el espacio y el tiempo eran ilusiones. Cuando comentaron la opinión de Berkeley al famoso Dr. Johnson, éste exclamó: «¡Lo refuto así!», y dio una patada a una gran piedra.

Tanto Aristóteles como Newton creían en el tiempo absoluto, es decir, en la posibilidad de medir sin ambigüedad los intervalos temporales entre acontecimientos, y que dichos intervalos coincidirían los midiera quien los midiera, siempre y cuando utilizara un buen reloj. A diferencia del espacio absoluto, el tiempo absoluto *era* coherente con las leyes de Newton, y con el sentido común. Sin embargo, en el siglo xx los físicos concluyeron que debían cambiar sus ideas respecto al tiempo y el espacio. Como veremos, descubrieron que la longitud y el tiempo entre acontecimientos, al igual que la distancia entre los puntos donde rebotaba la pelota de ping-pong en el ejemplo anterior, dependían del observador. También descubrieron que el tiempo no era algo completamente separado e independiente del espacio. La clave que condujo a estas conclusiones fue una nueva interpretación de las propiedades de la luz. Éstas parecían contradecir la experiencia, pero aunque las nociones de sentido común funcionan aparentemente bien al tratar cosas como manzanas o planetas, que viajan con una relativa lentitud, no funcionan en absoluto para cosas que se mueven con una velocidad cercana o igual a la de la luz.

# 5

# Relatividad

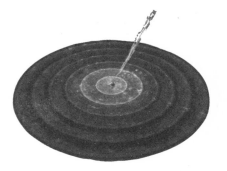

El hecho de que la luz viaje a velocidad finita, aunque muy elevada, fue descubierto por vez primera en 1676 por el astrónomo danés Ole Christensen Roemer. Si observamos las lunas de Júpiter advertiremos que de vez en cuando desaparecen de nuestra vista porque pasan por detrás del planeta gigante. Estos eclipses de las lunas de Júpiter deberían producirse a intervalos regulares, pero Roemer observó que no estaban espaciados con la regularidad esperable. ¿Se aceleraban y frenaban las lunas en sus órbitas? Roemer proponía otra explicación.

Si la luz viajara con velocidad infinita, en la tierra veríamos los eclipses a intervalos regulares, exactamente en el mismo momento en que se producen, como los tics de un reloj cósmico. Como la luz recorrería instantáneamente cualquier distancia, esta situación no cambiaría si Júpiter se acercara o alejara de la tierra.

Imaginemos, en cambio, que la luz viaja con velocidad finita. Entonces veremos cada eclipse un cierto tiempo después de haberse producido. Este retraso depende de la velocidad de la luz y de la distancia de Júpiter respecto a la tierra. Si ésta no variara, el retraso sería el mismo para todos los eclipses. Sin embargo, a veces Júpiter se acerca a la tierra: en este caso, la «señal» de cada eclipse sucesivo tendrá cada vez menos distancia que recorrer, y llegará a

*Separación temporal de los eclipses de las lunas de Júpiter*

la tierra progresivamente antes que si Júpiter hubiera permanecido a una distancia constante. Por la misma razón, cuando Júpiter se esté alejando de la tierra, veremos que los eclipses se van retrasando progresivamente respecto de lo que se esperaba. El grado de avance o retraso de esta llegada depende del valor de la velocidad de la luz y, por ello, nos permite medirla. Esto es lo que hizo Roemer: observó que los eclipses de las lunas de Júpiter se avanzaban en las épocas del año en que la tierra se estaba acercando a la órbita de Júpiter, y se retrasaban cuando la tierra se estaba separando de ella, y utilizó esta diferencia para calcular la velocidad de la luz. Sus mediciones de la distancia entre la tierra y Júpiter, sin embargo, no fueron demasiado precisas, de manera que su valor para la velocidad de la luz fue de 225.000 kilómetros por segundo, en lugar del moderno valor de 300.000 kilómetros por segundo. Sin embargo, la hazaña de Roemer, no sólo al demostrar que la luz viaja a velocidad finita, sino también al medir esta velocidad, fue notable, habiéndose producido, como se produjo, once años antes de la publicación de los *Principia Mathematica* de Newton.

Hasta 1865 no se dispuso de una teoría apropiada de la velocidad de la luz; ese año el físico británico James Clerk Maxwell logró unificar las teorías parciales que habían sido utilizadas hasta entonces para describir las fuerzas de la electricidad y el magnetismo. Las ecuaciones de Maxwell predecían la existencia de perturbacio-

*Longitud de onda*

nes de tipo ondulatorio de lo que denominó campo electromagnético, y que éstas viajarían con una velocidad
fija, como ondas en un estanque. Cuando calculó esta velocidad, ¡halló que coincidía exactamente con la velocidad de la luz! Actualmente sabemos que las ondas de
Maxwell son visibles al ojo humano siempre y cuando
tengan una longitud de onda comprendida entre cuatrocientas y ochocientas millonésimas de milímetro (la longitud de onda es la distancia entre crestas sucesivas de la
onda). Ondas con longitud de onda menores que la luz
visible son conocidas ahora como ultravioletas, rayos X y
rayos gamma. Ondas con longitudes de onda mayores
son las llamadas radioondas (de un metro o más), microondas (unos pocos centímetros), o infrarrojos (menores
de una diezmilésima de centímetro, pero mayores que el
dominio visible).

Las consecuencias de la teoría de Maxwell de que las
ondas luminosas o las ondas de radio viajaban con una velocidad fija eran difíciles de conciliar con la teoría de Newton, ya que, si no existe un patrón absoluto de reposo, no
puede existir un acuerdo universal sobre la velocidad de
un objeto. Para entender por qué, imaginemos otra vez
que estamos jugando a ping-pong en el tren. Si lanzamos la
pelota hacia adelante con una velocidad que, según nuestro oponente, es de 10 kilómetros por hora, esperaríamos
que un observador quieto en el andén viera que la pelota
se mueve a 100 kilómetros por hora: los 10 kilómetros por
hora de la velocidad con respecto al tren, más los 90 kilómetros por hora con que suponemos que éste se mueve
respecto al andén. ¿Cuál es la velocidad de la pelota: 10 kilómetros por hora o 100 kilómetros por hora? ¿Cómo la
definimos? ¿Con respecto al tren? ¿Con respecto a la tierra? A falta de un patrón absoluto de reposo, no le podemos asignar una velocidad absoluta. Podría afirmarse

igualmente que la misma pelota tiene cualquier velocidad, según el sistema de referencia respecto al que se mida. Según la teoría de Newton, lo mismo debería ocurrir con la luz. Así pues, ¿qué significa en la teoría de Maxwell que las ondas de luz viajan a una cierta velocidad fija?

Para conciliar la teoría de Maxwell con las leyes de Newton, se sugirió la existencia de una sustancia denominada «éter» que estaría presente por doquier, incluso en las extensiones del espacio «vacío». La idea del éter tenía un cierto atractivo adicional para los científicos, que sentían que de todas maneras, así como las ondas del agua

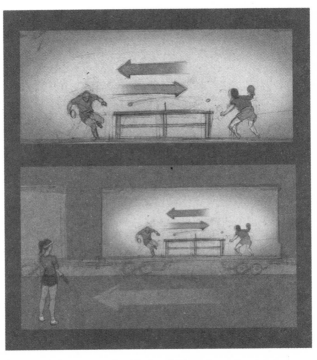

*Las diferentes velocidades de la pelota de ping-pong*

necesitan agua o las ondas del sonido necesitan aire, las ondas de la energía electromagnética debían requerir algún medio que las transportara. Según este punto de vista, las ondas de luz viajaban en el éter de igual modo que las ondas del sonido viajan por el aire, y su «velocidad» deducida a partir de las ecuaciones de Maxwell debería ser, pues, medida respecto al éter. Según esto, diferentes observadores verían que la luz se les acerca a diferentes velocidades, pero la velocidad de la luz con respecto al éter se mantendría fija. Esta idea podía ponerse a prueba. Imaginemos la luz emitida por alguna fuente y que, según la teoría del éter, viaja a través de éste con la velocidad de la luz. Si nos desplazamos hacia ella por el éter, la velocidad con que nos acercamos a ella debería ser la suma de su velocidad respecto al éter más nuestra velocidad respecto al éter. La luz se aproximaría más rápido que si, digamos, no nos moviéramos, o nos moviéramos en otra dirección. Aun así, como la velocidad de la luz es tan grande en comparación con las velocidades a las que nos podemos mover, esta diferencia de velocidad sería un efecto muy difícil de medir.

En 1887, Albert Michelson (que sería posteriormente el primer norteamericano en recibir el premio Nobel de física) y Edward Morley llevaron a cabo un experimento muy cuidadoso y difícil en la escuela Case de ciencias aplicadas de Cleveland. Pensaron que, como la tierra gira alrededor del sol a una velocidad de casi cuarenta kilómetros por segundo, su laboratorio se movía a una velocidad relativamente elevada respecto al éter. Naturalmente, nadie sabía en qué dirección ni con qué velocidad, ya que el éter se podría estar moviendo con respecto al sol. Pero repitiendo el experimento en distintas épocas del año, cuando la tierra ocupa diferentes posiciones a lo largo de su órbita, podríamos esperar descubrir este factor desconocido. Así, Michelson y Morley idearon un experimento para comparar la velocidad de la luz medida en la dirección del movimiento de la tierra a través del éter (cuando nos movemos hacia la fuente) con la velocidad de la luz perpendicularmente a dicho movimiento (cuando no nos acercamos ni alejamos de la fuente). Y, para su sorpresa, comprobaron que ¡la velocidad en ambas direcciones era la misma!

Entre 1887 y 1905 se sucedieron diversos intentos de salvar la teoría del éter. El más notable fue el del físico holandés Hendrik Lorentz, quien intentó explicar el resultado del experimento de Michelson-Morley en función de objetos que se contraían y relojes que se ralentizaban al moverse respecto al éter. Sin embargo, en un célebre artículo de 1905, un empleado entonces desconocido de la oficina suiza de patentes, Albert Einstein, hizo notar que la idea misma de un éter resultaba innecesaria, siempre y cuando uno estuviera dispuesto a abandonar la idea de un tiempo absoluto (en seguida veremos por qué). Pocas se-

*Movimiento de la tierra en el éter*

manas más tarde, un importante matemático francés, Henri Poincaré, hizo una propuesta parecida. Los argumentos de Einstein estaban más próximos a la física que los de Poincaré, quien contemplaba este problema como una cuestión meramente matemática y que, hasta el día de su muerte, rehusó aceptar la interpretación de Einstein de la teoría.

El postulado fundamental de este último de la teoría de la relatividad, como fue llamada, establecía que las leyes de la ciencia deben ser las mismas para todos los observadores que se mueven libremente, sea cual sea su velocidad. Esto era cierto para las leyes de Newton, pero ahora Einstein extendía la idea para incluir la teoría de Maxwell. En otras palabras, como la teoría de Maxwell afirma que la velocidad de la luz tiene un valor dado, cualquier observador en movimiento libre debe medir el mismo valor, sea cual sea la velocidad con que se acerque o se aleje de la fuente. Esta sencilla idea ciertamente explicaba, sin recurrir al éter ni a ningún otro sistema de referencia privilegiado, el significado de la velocidad de la luz en las ecuaciones de Maxwell, pero también tenía algunas consecuencias notables y a menudo contraintuitivas.

Por ejemplo, la exigencia de que todos los observadores deban obtener la misma velocidad de la luz nos obliga a cambiar nuestro concepto de tiempo. En relatividad, los observadores en el tren y en el andén discreparían sobre la distancia que ha recorrido la luz y, como la velocidad es la distancia dividida por el tiempo, la única manera para que pudieran coincidir en el valor de la velocidad de la luz sería que discreparan en el tiempo transcurrido. En otras palabras, ¡la teoría de la relatividad puso fin a la idea de un tiempo absoluto! Parece que cada observador debe tener su propia medida del tiempo, indicada por un reloj que se moviera consigo, y que relojes idénticos lle-

*Coordenadas espaciales: podemos describir la posición*
*de un punto en el espacio mediante tres números*

vados por observadores diferentes no tendrían por qué
coincidir.

En relatividad no hay necesidad de introducir la idea de
un éter, cuya presencia, de todos modos, no puede ser detectada, como demostró el experimento de Michelson-
Morley. En lugar de ello, la teoría de la relatividad nos
obliga a cambiar fundamentalmente nuestras ideas de espacio y tiempo. Debemos aceptar que el tiempo no está
completamente separado del espacio, ni es independiente
de éste, sino que se combina con él para formar una enti-
dad llamada espacio-tiempo. Estas ideas no resultan fáci-
les de asumir, ni tan siquiera por la comunidad de los físicos, por lo que transcurrieron años hasta que la
relatividad fue universalmente aceptada. Esta aceptación
constituye el mejor homenaje a la imaginación de Einstein, a su capacidad para concebir estas ideas, y a su confianza en la lógica, que le llevó a examinar implacable-

mente todas las consecuencias, por extrañas que parecieran las conclusiones hacia las que le conducía.

Todos sabemos, por experiencia, que es posible describir la posición de un punto en el espacio mediante tres números, o coordenadas. Por ejemplo, podemos decir que un punto en una habitación está a dos metros de una pared, un metro de otra y metro y medio del suelo. O bien podríamos especificar que un punto está a una cierta latitud, longitud y altura sobre el nivel del mar. Tenemos libertad para elegir tres coordenadas cualesquiera que resulten adecuadas, aunque sólo tengan un dominio de validez limitado. No resultaría práctico determinar la posición de la luna en función de kilómetros al norte y al este de Piccadilly Circus y en metros sobre el nivel del mar: es mejor describirla en función de la distancia al sol, la distancia al plano de las órbitas de los planetas, y el ángulo formado por la línea que la une con el sol y la línea que une a éste con una estrella cercana, como Proxima Centauri. Ni siquiera estas coordenadas resultarían útiles para describir la posición del sol en nuestra galaxia o la posición de ésta en el grupo local de galaxias. De hecho, se puede describir todo el universo en función de una colección de retazos que se solapen, en cada uno de los cuales se puede utilizar un conjunto diferente de tres coordenadas para especificar la posición de los puntos.

En el espacio-tiempo de la relatividad, cualquier suceso, es decir, cualquier cosa que ocurra en un punto particular del espacio y en un instante particular del tiempo, puede ser especificado mediante cuatro números o coordenadas. De nuevo, la elección de coordenadas es arbitraria; se puede utilizar cualquier conjunto bien definido de tres coordenadas espaciales y cualquier medida del tiempo. Pero en la relatividad no existe una diferencia real entre coordenadas espaciales y temporales, de igual modo que tampoco existe entre dos coordenadas espaciales cualesquiera. Uno podría escoger un nuevo conjunto de coordenadas en que, digamos, la primera coordenada espacial fuera una combinación de las dos primeras coordenadas espaciales del sistema antiguo. Así, en lugar de medir la posición de un punto de la tierra en kilómetros al norte y al este de Piccadilly, podríamos utilizar kilómetros al noreste y al noroeste de Piccadilly. Análogamente, podríamos utilizar una nueva coordenada temporal que fuera la antigua (en segundos) más la distancia (en segundos-luz) al norte de Piccadilly.

Otra de las famosas consecuencias de la relatividad es la equivalencia entre masa y energía, que se resume en la célebre ecuación de Einstein $E = mc^2$ (donde $E$ es la energía, $m$ la masa y $c$ la velocidad de la luz). Debido a la equivalencia entre masa y energía, la energía de un objeto material debida a su movimiento contribuirá así a su masa; en otras palabras, hará más difícil incrementar su velocidad. Este efecto sólo es realmente significativo para objetos que se mueven a velocidad próxima a la de la luz. Por ejemplo, al diez por 100 de la velocidad de la luz, la masa de un objeto sólo es un 0,5 por 100 mayor que en reposo, mientas que al noventa por 100 de la velocidad de la luz sería más del doble de la masa normal en reposo. A medida que un objeto se aproxima a la velocidad de la luz, su masa aumenta más rápidamente, de manera que seguirlo acelerando cada vez cuesta más energía. Según la teoría de la relatividad, un objeto, de hecho, nunca puede alcanzar la velocidad de la luz, porque su masa se haría infinita y, por la equivalencia entre masa y energía, se necesitaría una cantidad infinita de energía para hacerle alcanzar dicha velocidad. Ésta es la razón por la cual, según la relatividad, cualquier objeto normal está condenado a moverse para siempre con velocidades inferiores a la de la luz. Sólo la luz, u otras ondas que no tengan masa intrínseca, puede moverse a la velocidad de la luz.

La teoría de la relatividad de Einstein de 1905 es llamada «relatividad especial». En efecto, aunque resultaba muy satisfactoria para explicar que la velocidad de la luz es la misma para todos los observadores y qué ocurre cuando las cosas se mueven a velocidades próximas a la de la luz, devenía contradictoria con la teoría newtoniana de la gravedad. La teoría de Newton establece que, en cada instante, los objetos se atraen entre sí con una fuerza que depende de la distancia entre ellos en ese mismo instante. Ello significa que si desplazáramos uno de los objetos, la fuerza sobre el otro cambiaría instantáneamente. Si, por ejemplo, el sol desapareciera súbitamente, la teoría de Maxwell nos dice que la tierra no quedaría a oscuras hasta unos ocho minutos después (ya que éste es el tiempo que tarda la luz del sol en llegar hasta nosotros), pero, según la teoría de la gravedad de Newton, la tierra dejaría inmediatamente de notar la atracción del sol y saldría de

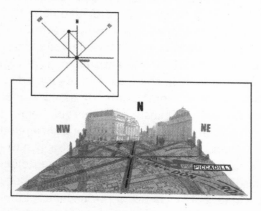

*La elección de coordenadas en el espacio
o en el espacio-tiempo es arbitraria*

su órbita. El efecto gravitatorio de la desaparición del sol, pues, nos llegaría con velocidad infinita, y no con la velocidad de la luz o alguna velocidad inferior, como lo exigía la teoría especial de la relatividad. Entre 1908 y 1914, Einstein hizo un cierto número de ensayos infructuosos para formular una teoría de la gravedad que resultara coherente con la relatividad especial. Al final, en 1915, propuso una teoría todavía más revolucionaria, que actualmente llamamos la teoría general de la relatividad.

# 6

# Espacio curvado

La teoría de Einstein de la relatividad general está basada en la sugerencia revolucionaria de que la gravedad no es una fuerza como las demás, sino una consecuencia de que el espacio-tiempo no es plano, a diferencia de lo que se había supuesto hasta entonces. En la relatividad general, el espacio-tiempo está curvado o deformado por la distribución de masa y energía que contiene. Los objetos como la tierra no se mueven en órbitas curvadas a causa de una fuerza llamada gravedad, sino porque siguen una trayectoria lo más próxima posible a una línea recta en un espacio curvado, a la que se denomina una geodésica. En términos técnicos, una geodésica se define como el camino más corto (o más largo) entre dos puntos dados.

Un plano geométrico es un ejemplo de espacio bidimensional plano, cuyas geodésicas son rectas. La superficie de la tierra es un espacio curvo bidimensional, cuyas geodésicas son lo que llamamos círculos máximos. El ecuador es un círculo máximo, y también lo es cualquier círculo sobre el globo cuyo centro coincida con el centro de la tierra. (El término «círculo máximo» hace referencia a que éstos son los mayores círculos que podemos dibujar sobre el globo.) Como la geodésica es el camino más corto entre dos aeropuertos, es la ruta que los navegadores

*Círculos máximos*

de las aerolíneas indican al piloto para volar. Por ejemplo, podríamos viajar de Nueva York a Madrid siguiendo la brújula siempre hacia el este durante 5.965 kilómetros a lo largo de su paralelo común. Pero podemos llegar en sólo 5.800 kilómetros si volamos en un círculo máximo, apuntando primero hacia el noreste, girando gradualmente hacia el este y, después, hacia el sureste. El aspecto de estas dos trayectorias sobre un mapa, donde la superficie del globo ha sido distorsionada (aplanada), resulta engañoso. Cuando nos movemos «recto» hacia el este de un punto a otro de la superficie del globo no nos estamos moviendo realmente en línea recta, al menos no en el sentido del camino más directo, la geodésica.

En la relatividad general, los cuerpos siempre siguen geodésicas en el espacio-tiempo cuadridimensional. En ausencia de materia, las geodésicas en el espacio-tiempo cuadridimensional corresponden a líneas rectas en el espacio tridimensional. Por el contrario, en presencia de materia, el espacio-tiempo cuadridimensional queda distorsionado, haciendo que las trayectorias de los cuerpos en el espacio tridimensional se curven (de una manera que en la vieja teoría newtoniana de la gravedad era explicada por los efectos de la atracción gravitatoria). Es parecido a observar el vuelo de un avión sobre un terreno accidentado: aunque en el espacio tridimensional el avión se mueva en línea recta, si olvidamos la tercera dimensión (altura) su sombra parece seguir sobre el suelo bidimensional una trayectoria curvada. O bien imaginemos una nave espacial que vuela en línea recta y pasa directamente sobre el Polo Norte. Si proyectamos su trayectoria sobre la superficie bidimensional de la tierra hallamos que sigue un semicírculo, trazando un meridiano sobre el hemisferio norte. Aunque sea más difícil de representar, la masa del sol deforma el espacio-tiempo cuadridimensional de tal manera que en él la tierra sigue un cierto camino curvado, de forma que nos parece que se mueve en una órbita (aproximadamente) circular en el espacio tridimensional.

En realidad, aunque deducidas de manera diferente, las órbitas planetarias descritas por la relatividad general son casi idénticas a las predichas por la teoría newtoniana de la gravedad. La desviación mayor se halla en la órbita de Mercurio que, al ser el planeta más próximo al sol, nota efectos gravitatorios más intensos y tiene una órbita elíptica bastante alargada. La relatividad general predice que el eje mayor de dicha elipse debe girar alrededor del sol con un ritmo de aproximadamente un grado en diez mil años. Por pequeño que este efecto pueda parecer, había sido observado mucho antes de 1915 (véase el capítulo 3) y fue una de las primeras confirmaciones de la teoría de Einstein. Recientemente, se ha logrado medir, mediante radar, incluso las desviaciones aún más pequeñas de las

*Trayectoria de la sombra de una nave espacial*

órbitas de los otros planetas con respecto a las predicciones newtonianas y se ha comprobado que concuerdan con
las predicciones de la relatividad general.

También los rayos de luz deben seguir las geodésicas
del espacio-tiempo. De nuevo, el hecho de que el espacio
sea curvado significa que la luz ya no parece viajar en línea recta. Así pues, la relatividad general predice que los
campos gravitatorios deberían curvar la trayectoria de la
luz. Por ejemplo, la teoría predice que la trayectoria de los
rayos de luz en las proximidades del sol debería curvarse
ligeramente hacia dentro, debido a la masa de éste. Ello
significa que la luz de una estrella lejana que pase cerca
del sol será desviada un pequeño ángulo, haciendo que

para un observador situado en la tierra la estrella parezca hallarse en una posición diferente. Evidentemente, si la luz de la estrella siempre pasara cerca del sol, no podríamos decir si la luz está siendo desviada o si simplemente la estrella está donde parece estar. Sin embargo, a medida que la tierra gira alrededor del sol diferentes estrellas pasan detrás de éste y su luz es desviada, por lo que cambia su posición aparente con respecto a otras estrellas.

Normalmente es muy difícil observar este efecto, porque la luz del sol impide observar estrellas en sus alrededores. Sin embargo, es posible hacerlo durante un eclipse de sol, cuando la luna bloquea la luz solar. La predicción de Einstein sobre la curvatura de la luz no pudo ser comprobada inmediatamente en 1915, debido a la primera guerra mundial. En 1919, una expedición británica, que observaba un eclipse desde África occidental, demostró que la luz era efectivamente curvada por el sol, tal como predecía la teoría. Esta comprobación de una teoría alemana por científicos británicos fue saludada como un canto de reconciliación entre ambos países después de la guerra. Resulta irónico, pues, que exámenes posteriores de las fotografías tomadas en dicha expedición mostraran que los errores eran tan grandes como los efectos que estaban intentando medir. Su medida había sido simple buena suerte, o bien un caso de interpretación sesgada, pues se sabía el resultado que se quería obtener, una situación no demasiado infrecuente en la ciencia. La desviación de la luz, sin embargo, ha sido confirmada con precisión en diversas observaciones posteriores.

Otra predicción de la relatividad general es que el tiempo debería parecer ralentizarse en las proximidades de cuerpos con una gran masa. Einstein llegó a esta conclusión por primera vez en 1907, cinco años antes de advertir que la gravedad también alteraba la forma del espacio y

*La curvatura de la luz en las proximidades del sol*
*modifica la posición aparente de las estrellas*

ocho años antes de completar esta teoría. Dedujo el efecto mediante su principio de equivalencia, que desempeña
en la relatividad general el papel que sigue el postulado
fundamental en la teoría de la relatividad especial.

Recordemos que el postulado fundamental de la relatividad especial establece que las leyes de la ciencia deberían ser las mismas para todos los observadores que se
mueven libremente, sea cual sea su velocidad. A grandes
rasgos, el principio de equivalencia extiende esta idea a
los observadores que no se mueven libremente, sino bajo
la influencia de un campo gravitatorio. Una formulación

precisa del principio requiere algunas precisiones técnicas, como el hecho de que si el campo gravitatorio no es uniforme debemos aplicar el principio por separado a una serie de pequeños retazos espaciales solapados, pero no nos preocuparemos por esto aquí. Para nuestros propósitos, podemos enunciar el principio de la manera siguiente: en regiones suficientemente pequeñas del espacio, es imposible afirmar si estamos en reposo en un campo gravitatorio o uniformemente acelerados en el espacio vacío.

Imaginemos que estamos en un ascensor en un espacio vacío, sin gravedad. No hay «arriba» ni «abajo»; estamos flotando libremente. De repente, el ascensor se empieza a mover con una aceleración constante. Súbitamente notamos peso, es decir, ¡nos sentimos atraídos hacia un extremo del ascensor, que de repente parece haberse convertido en el suelo! Si soltamos una manzana, cae hacia él. De hecho, ahora que nos estamos acelerando, todo lo que ocurre en el interior del ascensor sucede exactamente igual que si éste no se moviera, como si estuviera en reposo en un campo gravitatorio. Einstein se dio cuenta de que, así como en el interior de un tren no podemos decir si nos estamos moviendo uniformemente o no nos movemos, tampoco podemos decir, en el interior de un ascensor, si estamos acelerando uniformemente o si permanecemos en reposo en un campo gravitatorio uniforme. El resultado fue su principio de equivalencia.

El principio de equivalencia, y el ejemplo que acabamos de dar, sólo puede ser verdad si la masa inercial (la masa que aparece en la segunda ley de Newton, y que determina el valor de la aceleración en presencia de una fuerza) y la masa gravitatoria (la masa que aparece en la ley de la gravedad de Newton, y que determina el valor de la fuerza gravitatoria) son las mismas (véase el capítulo 4). En efecto, si ambos tipos de masa son iguales, todos los objetos situados en un campo gravitatorio caerán con el mismo ritmo, independientemente del valor de su masa. Si esta equivalencia no fuera cierta, algunos objetos caerían más rápido que otros bajo la influencia de la gravedad, y por lo tanto podríamos distinguir la fuerza de la gravedad de una aceleración uniforme, en la que todo cae con la misma aceleración. El uso que hizo Einstein de la equivalencia entre masa inercial y masa gravitatoria para deducir su principio de equivalencia y, a la larga, toda la relatividad general, supone un avance implacable de razonamiento lógico sin precedentes en la historia del pensamiento humano.

Ahora que conocemos el principio de equivalencia, podemos seguir algunos aspectos de la lógica de Einstein en
otro experimento mental, que demuestra por qué el tiempo debe verse afectado por la gravedad. Imaginemos una
nave en el espacio y supongamos, porque así nos convie-
ne, que es tan larga que la luz tarda un segundo en reco-
rrerla de arriba abajo. Imaginemos, además, que hay un
observador en el techo de la nave y otro en el suelo, cada
uno con relojes idénticos que marcan cada segundo.

Supongamos que el observador situado en el techo espera una pulsación del reloj e inmediatamente envía una
señal luminosa hacia el observador situado en el suelo. El
observador del techo repite esta operación a cada pulsación de su reloj. Según este procedimiento, cada señal viaja durante un segundo, tras el cual es recibida por el observador del suelo. Así, si el observador del techo envía
dos señales separadas un segundo, el observador del suelo recibe dos señales separadas también un segundo.

¿Cómo cambiaría esta situación si la nave estuviera en
reposo en la tierra, bajo la influencia de la gravedad, en
lugar de flotar libremente en el espacio? Según la teoría
newtoniana de la gravedad, ésta no tendría efecto alguno
sobre el tiempo. Si el observador del techo envía señales
cada segundo, el del suelo también las recibirá cada segundo. Pero el principio de equivalencia hace una predicción diferente. Podemos ver lo que ocurre, según este
principio, si en lugar del efecto de la gravedad consideramos el efecto de una aceleración uniforme. Éste es un
ejemplo de la manera en que Einstein utilizó el principio
de equivalencia para crear su nueva teoría de la gravedad.

Supongamos, así pues, que la nave espacial está acelerando. (Imaginaremos que suavemente, de modo que no
se acerque a la velocidad de la luz.) Como la nave espacial
se está acelerando hacia arriba, la primera señal deberá

recorrer menos distancia que en la situación examinada anteriormente, y por lo tanto llegará al suelo en menos de un segundo. Si el cohete se estuviera moviendo a velocidad constante, la segunda señal tardaría exactamente el mismo tiempo en llegar que la primera, y por lo tanto el intervalo entre ambas señales seguiría siendo un segundo. Pero debido a la aceleración, la nave se mueve más rápido cuando es enviada la segunda señal que cuando fue enviada la primera, de manera que la segunda señal deberá recorrer menos espacio que la primera, por lo que tardará menos tiempo en llegar al suelo. El observador situado en el suelo, por tanto, medirá un intervalo inferior a un segundo entre ambas señales, y discrepará del observador del techo, que afirma que las ha enviado con exactamente un segundo de diferencia.

Quizás esto no resulte sorprendente en el caso de la nave espacial acelerada; al fin y al cabo, ¡acabamos de dar una explicación! Pero recordemos que el principio de equivalencia afirma que esto también se aplica a una nave en reposo en un campo gravitatorio. Ello significa que, aunque el cohete no esté acelerando sino quieto, por ejemplo en una plataforma de lanzamiento en la superficie de la tierra, si el observador del techo envía señales hacia el suelo a intervalos de un segundo (según su reloj), el observador del suelo recibirá las señales a intervalos más cortos (según su reloj). ¡Y esto sí resulta sorprendente!

Podríamos preguntarnos también: ¿significa esto que la gravedad modifica el tiempo, o simplemente que estropea los relojes? Supongamos que el observador del suelo trepa hasta el techo, donde él y su colega comparan sus relojes. Como éstos son idénticos, ambos observadores comprobarán, con seguridad, que ahora coinciden en la duración de un segundo. Nada está equivocado en el reloj

*El tiempo no es un valor absoluto*

del observador del suelo: simplemente, mide el flujo local del tiempo, sea éste lo que sea.

De este modo, así como la relatividad especial afirma que el tiempo transcurre a ritmo diferente para observadores en movimiento relativo, la relatividad general nos dice que el tiempo transcurre de forma diferente para observadores en campos gravitatorios diferentes. Según la relatividad general, el observador del suelo mide un intervalo temporal más corto porque el tiempo transcurre más lentamente cerca de la superficie de la tierra, donde la gravedad es más intensa. Cuanto más intenso el campo gravitatorio, mayor es este efecto. Si las leyes de Newton del movimiento pusieron fin a la idea de una posición absoluta en el espacio, ahora vemos que la teoría de la relatividad elimina la idea de un tiempo absoluto.

Esta predicción fue comprobada en 1962, utilizando un par de relojes muy precisos situados uno en la cumbre y otro en la base de una torre. El reloj de la base, que estaba más próximo a la tierra, resultó que avanzaba más lentamente, en concordancia exacta con la relatividad general. El efecto es minúsculo: un reloj situado en la superficie del sol sólo ganaría un minuto por año en comparación con uno situado en la superficie de la tierra. Aun así, la diferencia de ritmo de los relojes situados a diferentes alturas sobre la tierra reviste actualmente una importancia práctica considerable, debido al advenimiento de sistemas de navegación muy precisos basados en las señales de los satélites. Si se ignorasen las predicciones de la relatividad general, ¡las posiciones que calcularíamos estarían equivocadas en varios kilómetros!

Nuestros relojes biológicos también se ven afectados por estos cambios del flujo del tiempo. Consideremos un par de gemelos, y supongamos que uno de ellos vive en la cumbre de una montaña y el otro al nivel del mar. El primer gemelo envejecería más rápidamente que el segundo, de modo que, cuando se volvieran a encontrar, el primero sería más viejo que el segundo. En este caso, la diferencia de edades sería muy pequeña, pero sería mucho mayor si uno de los gemelos emprendiera un largo viaje en una nave espacial en la cual fuera acelerado casi hasta la velocidad de la luz. Al regresar, este gemelo sería mucho más joven que el que hubiera permanecido en la tierra. Esto se conoce como paradoja de los gemelos, pero sólo es una paradoja si se piensa en un tiempo absoluto. En la teoría de la relatividad no existe un tiempo absoluto único, sino que cada persona tiene su propia medida individual del tiempo, que depende de dónde se halla y cómo se mueve.

Antes de 1915, se creía que el espacio y el tiempo constituían un escenario fijo en el que tenían lugar los acontecimientos, pero que no se veía afectado por ellos. Incluso en la teoría especial de la relatividad seguía siendo así. Los cuerpos se movían, las fuerzas atraían y repelían, pero el tiempo y el espacio seguían inmutables. Resultaba natural pensar que el espacio y el tiempo seguían para siempre. La situación, sin embargo, es harto diferente en la teoría general de la relatividad. Espacio y tiempo son ahora magnitudes dinámicas: cuando un cuerpo se mueve o una fuerza actúa, afectan a la curvatura del espacio y el tiempo, y, a su vez, la estructura del espacio-tiempo afecta a la manera en que los cuerpos se mueven y actúan las fuerzas. El espacio y el tiempo no tan sólo afectan, sino que también son afectados por todo lo que ocurre en el universo. Así como no es posible hablar de acontecimientos en el universo sin las nociones de espacio y tiempo, en la relatividad general carece de sentido hablar de espacio y tiempo fuera de los límites del universo. En las décadas siguientes a 1915, esta nueva imagen del espacio y el tiempo debía revolucionar nuestra visión del universo. Como veremos, la vieja idea de un universo esencialmente inmutable que podría haber existido, y podría continuar existiendo, desde siempre y para siempre, fue sustituida por la concepción de un universo dinámico en expansión que parecía haber empezado hace un tiempo finito, y que podría terminar en un tiempo finito en el futuro.

# 7

# El universo en expansión

Si contemplamos el cielo en una noche clara y sin luna, los objetos más brillantes que avistaremos serán probablemente los planetas Venus, Marte, Júpiter y Saturno. También habrá un gran número de estrellas, que son como nuestro sol pero están mucho más alejadas de nosotros. Algunas de ellas parecen cambiar ligerísimamente de posición con respecto a las otras cuando la tierra gira alrededor del sol. ¡Así que en realidad no están fijas! Advertimos esta variación porque están relativamente próximas a nosotros. A medida que la tierra gira alrededor del sol, vemos estas estrellas más cercanas en posiciones ligeramente diferentes sobre el fondo de estrellas más distantes. El efecto es el mismo que observamos cuando, al viajar por una carretera despejada, las posiciones relativas de los árboles parecen cambiar sobre el fondo del horizonte. Cuanto más próximos están los árboles, más parecen moverse. Este cambio en la posición relativa se denomina paralaje. En el caso de las estrellas es una gran suerte, porque nos permite medir directamente la distancia entre ellas y nosotros.

La estrella más cercana, Proxima Centauri, está a unos cuatro años-luz, o unos treinta y siete billones de kilómetros. La mayoría de las otras estrellas observables a simple vista se halla a unos pocos centenares de años-luz. A efectos de comparación, recordemos que nuestro sol está ¡a tan sólo ocho minutos-luz de distancia! Las estrellas visibles aparecen distribuidas por todo el cielo nocturno, pero están particularmente concentradas en una banda, que denominamos Vía Láctea. Ya desde 1750, algunos astrónomos sugirieron que su aspecto podría explicarse si la mayoría de las estrellas visibles estuviera en una configuración de tipo discoidal, un ejemplo de lo que llamamos actualmente una galaxia espiral. Algunas décadas más tarde, el astrónomo sir William Herschel confirmó esta idea al catalogar meticulosamente las posiciones y distancias de un gran número de estrellas, aunque no obstante, la idea sólo consiguió una amplia aceptación a principios del siglo xx. Hoy sabemos que la Vía Láctea —nuestra galaxia— tiene unos cien mil años-luz de amplitud y que está girando lentamente; las estrellas de sus brazos espirales dan una vuelta completa alrededor del centro de la galaxia en unos centenares de millones de años aproximadamente. Nuestro sol es tan sólo una estrella amarilla ordinaria de tamaño medio, cerca del borde interno de uno de los brazos espirales. ¡Ciertamente hemos recorrido un largo trecho desde Aristóteles y Ptolomeo, cuando se creía que la tierra era el centro del universo!

La imagen moderna del universo data tan sólo de 1924, cuando el astrónomo estadounidense Edwin Hubble demostró que la Vía Láctea no era la única galaxia. De hecho, descubrió muchas otras, separadas por vastos espacios vacíos. Para demostrarlo, tenía que determinar las distancias entre dichas galaxias y la tierra, pero estas galaxias están tan alejadas que, a diferencia de las estrellas próximas, sus posiciones parecen realmente fijas. Como no podía utilizar el paralaje de estas galaxias, Hubble se vio obligado a recurrir a métodos indirectos para medir sus distancias. Una medida obvia de la distancia de una estrella es su brillo, pero el brillo aparente de una estrella no sólo depende de su distancia, sino también de cuánta luz irradia (lo que se denomina su luminosidad). Una estrella relativamente tenue, pero suficientemente cercana, eclipsará la estrella más brillante de cualquier galaxia distante. Así, para utilizar el brillo aparente como medida de la distancia, debemos conocer la luminosidad de la estrella.

La luminosidad de las estrellas próximas puede ser calculada a partir de su brillo aparente porque conocemos su distancia a partir de su paralaje. Hubble observó que estas estrellas cercanas podían ser clasificadas en ciertos tipos según las características de la luz que emitían. Un mismo tipo de estrellas tendría siempre la misma luminosidad. Argumentó, pues, que si identificásemos estos tipos de estrellas en una galaxia distante, podríamos suponer que tienen la misma luminosidad que las estrellas próximas semejantes a ellas. Con esta información, podríamos calcular la distancia a dicha galaxia. Si pudiéramos hacerlo para un cierto número de estrellas de la misma galaxia y los cálculos dieran siempre la misma distancia, podríamos confiar razonablemente en nuestra estimación. De esta manera, Edwin Hubble obtuvo las distancias a nueve galaxias.

Hoy sabemos que las estrellas observables a simple vista sólo constituyen una fracción diminuta del total de las estrellas. Podemos ver unas 5.000 estrellas, sólo un 0,0001 por 100 de todas las de nuestra galaxia, la Vía Láctea. Ésta, a su vez, no es más que una de los centenares de miles de millones de galaxias que podemos ver mediante los telescopios modernos. Y cada galaxia contiene como promedio unos cien mil millones de estrellas. Si una estrella fuese un grano de sal, podríamos poner todas las estrellas observables a simple vista en una cucharilla de té, pero el conjunto de las estrellas del universo formaría una bola de más de quince kilómetros de diámetro.

Las estrellas están tan lejos que nos parecen meros puntitos luminosos, cuyo tamaño y forma no podemos discernir. Pero, tal como Hubble observó, existen muchos tipos diferentes de estrellas, que podemos distinguir a partir del color de su luz. Newton descubrió que si la luz del sol atraviesa una pieza triangular de vidrio llamada prisma, se descompone en colores como en un arco iris. Las intensidades relativas de los diversos colores emitidos por una fuente dada de luz se denomina su espectro. Si enfocamos un telescopio en una estrella o una galaxia concretas, podemos observar el espectro de su luz.

Una información que proporciona dicho espectro es la temperatura de la estrella. En 1860, el físico alemán Gustav Kirchoff observó que cualquier cuerpo material, por ejemplo, una estrella, cuando está caliente, emite luz y otros tipos de radiación, igual que brillan las brasas cuando están calientes. La luz emitida por estos objetos resplandecientes es debida al movimiento térmico de los átomos que los forman y se denomina radiación del cuerpo negro (aunque los objetos brillantes no sean negros). El espectro de la radiación del cuerpo negro es difícil de confundir: tiene una forma distintiva que varía con la temperatura del cuerpo. La luz emitida por un objeto resplandeciente equivale, pues, a una lectura termométrica. El espectro de las diferentes estrellas que observamos tiene siempre exactamente esta forma: es una postal del estado térmico de la estrella correspondiente.

Si la observamos con más detenimiento, la luz de las estrellas nos dice todavía más cosas: observamos, así, que faltan algunos colores muy específicos, y que los colores que faltan pueden variar de estrella a estrella. Como sabemos que cada elemento químico absorbe un conjunto característico de colores, ajustando éstos a los colores ausentes del espectro de una estrella, podemos determinar exactamente qué elementos químicos existen en su atmósfera.

En la década de 1920, cuando los astrónomos empezaron a estudiar los espectros de las estrellas de otras galaxias, observaron algo muy peculiar: faltaban los mismos conjuntos característicos de colores que en las estrellas de nuestra galaxia, pero todos ellos estaban desplazados hacia el extremo rojo del espectro en la misma cantidad relativa. El desplazamiento del color o la frecuencia es conocido por los físicos como el efecto Doppler. Estamos familiarizados con él en el ámbito del sonido. Escuchemos un coche que pasa por la carretera: cuando se acerca, su motor, o su bocina, suena en un tono más agudo y, una vez ha pasado y se está alejando, suena en un tono más grave.

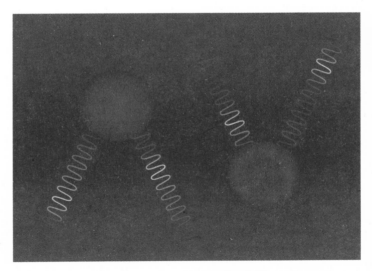

*La luz emitida por un cuerpo resplandeciente depende de su temperatura*

Un coche de policía que se nos acerque a unos ciento veinte kilómetros por hora se está moviendo aproximadamente a una décima parte de la velocidad del sonido. El sonido de su sirena es una onda, una sucesión de crestas y valles. Recordemos que la distancia entre crestas sucesivas (o valles) se denomina longitud de onda. Cuanto más corta es ésta, mayor es el número de perturbaciones que nos llegan al oído cada segundo y más alto es el tono, o la frecuencia. El efecto Doppler es debido a que si el coche de la policía se nos acerca, a medida que emite crestas de onda sucesivas éstas serán emitidas cada vez más cerca de nosotros, de manera que la distancia entre ellas será menor que si el coche estuviera parado. Esto significa que la longitud de las ondas que recibimos es más corta, y su frecuencia más elevada. Análogamente, si el coche de policía se está alejando, la longitud de las ondas que recibimos será mayor y, por lo tanto, la frecuencia será más baja. Y cuanto más rápido vaya el coche, mayor será este efecto, de manera que podemos utilizar el efecto Doppler para medir su velocidad.

El comportamiento de las ondas de luz y de radio es semejante. En efecto, la policía utiliza el efecto Doppler para medir la velocidad de los automóviles a partir de las longitudes de onda de pulsos de radioondas reflejadas en ellos. La luz consiste en oscilaciones, u ondas, del campo electromagnético. Como señalamos en el capítulo 5, la longitud de onda de la luz visible es extremadamente pequeña, situándose entre cuatrocientas y ochocientas millonésimas de milímetro. Las diferentes longitudes de onda son percibidas por el ojo humano como colores diferentes, con las más largas en el extremo rojo del espectro y las más cortas en el extremo azul. Imaginemos ahora una fuente de luz situada a una distancia constante de nosotros, como es una estrella, que emite ondas luminosas con una longitud de onda constante. La longitud de onda

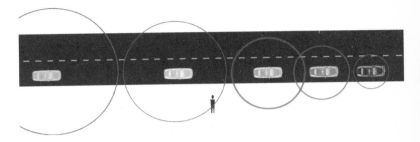

*El efecto Doppler*

de las ondas que recibiremos será la misma que la longitud de onda emitida. Supongamos ahora que la fuente empieza a alejarse de nosotros. Al igual que en el caso del sonido, ello significa que la longitud de onda de la luz se alargará y que, por tanto, sus líneas espectrales se desplazarán hacia el extremo rojo del espectro.

En los años que siguieron a su demostración de la existencia de otras galaxias, Hubble se dedicó a clasificar sus distancias y observar sus espectros. En aquella época, se esperaba que las galaxias se movieran de una forma aleatoria y, por lo tanto, se esperaba hallar tantos espectros desplazados hacia el azul como hacia el rojo. Por ello, resultó una gran sorpresa descubrir que la mayoría de las galaxias parecían desplazadas hacia el rojo: ¡casi todas se estaban alejando! Más sorprendente incluso fue el descubrimiento que Hubble publicó en 1929: la magnitud del desplazamiento hacia el rojo no era aleatoria, sino directamente proporcional a la distancia a que se hallaba la galaxia. O en otras palabras: cuanto más lejos está una galaxia, ¡con mayor velocidad se aleja! Ello significaba que el universo no podía ser estático, o de tamaño fijo, como se había creído hasta entonces. De hecho, el universo se está expandiendo: la distancia entre las diferentes galaxias va creciendo con el tiempo.

El descubrimiento de que el universo se está expandiendo fue una de las grandes revoluciones intelectuales del siglo xx. Visto retrospectivamente, sorprende que nadie lo hubiera pensado antes. Newton, y otros, deberían haber advertido que un universo estático sería inestable ya que, si en alguna época el universo hubiera sido estático, la atracción gravitatoria mutua de todas las estrellas y galaxias no hubiera tardado en empezarlo a contraer. Incluso si el universo se estuviera expandiendo lentamente, la fuerza de la gravedad haría que finalmente dejara de expandirse y, también en este caso, se empezara a contraer. Sin embargo, si el universo se estuviera expandiendo con un ritmo superior a un cierto valor crítico, la gravedad nunca sería lo suficientemente intensa para detenerlo y el universo se seguiría expandiendo indefinidamente. En cierto modo, es lo que ocurre cuando lanzamos un cohete desde la superficie de la tierra. Si su velocidad es baja, la gravedad acabará por detenerlo y volverá a caer. En cambio, si tiene una velocidad superior a cierto valor crítico (de unos once kilómetros por segundo), la gravedad no será lo suficientemente intensa para hacerlo volver, y seguirá alejándose de la tierra para siempre.

Este comportamiento del universo hubiera podido ser predicho a partir de la teoría newtoniana de la gravedad en cualquier momento del siglo xix, del xviii o, incluso, a finales del xvii. Sin embargo, la creencia en un universo estático era tan firme que persistió hasta bien entrado el siglo xx. Incluso Einstein, cuando formuló la teoría general de la relatividad en 1915, estaba tan convencido de que el universo era estático que modificó su teoría para hacerlo posible, introduciendo en sus ecuaciones un factor espúreo denominado constante cosmológica. Esta constante tiene el efecto de una nueva fuerza «antigravitatoria» que, a diferencia de las otras fuerzas, no procedería de ninguna fuente en particular, sino que estaría imbuida en la misma fábrica del espacio-tiempo y, como consecuencia de ella, el espacio-tiempo tendría una tendencia innata a expandirse. Ajustando el valor de la constante cosmológica, Einstein podía variar la intensidad de esta tendencia y vio que era posible ajustarla de manera que anulara exactamente la atracción de toda la materia del universo, de modo que éste fuera estático. Posteriormente desautorizó la constante cosmológica y la calificó como «el mayor error que había cometido». Como veremos más adelante, en la actualidad tenemos motivos para pensar que, al fin y al cabo, tal vez acertó al introducirla. Pero lo que debió de molestar a Einstein fue haber permitido que su creencia en un universo estático se impusiera a lo que su teoría parecía predecir: que el universo está en expansión. Sólo una persona, según parece, decidió tomarse en serio esta predicción de la relatividad general. Mientras Einstein y otros físicos estaban buscando maneras de evitar el universo no estacionario de la relatividad general, el físico y matemático ruso Alexander Friedmann empezó a trabajar para explicarlo.

Friedmann planteó dos hipótesis muy simples: que el universo tiene idéntico aspecto sea cual sea la dirección en que lo observamos, y que esto también sería verdad si observáramos el universo desde cualquier otro punto. A partir de estas dos únicas ideas, Friedmann demostró, resolviendo las ecuaciones de la relatividad general, que no deberíamos esperar que el universo fuese estático. De hecho, en 1922, varios años antes del descubrimiento de Edwin Hubble, ¡Friedmann predijo exactamente lo que éste descubrió más tarde!

En realidad, la suposición de que el universo tiene el mismo aspecto en cualquier dirección no es del todo cier-

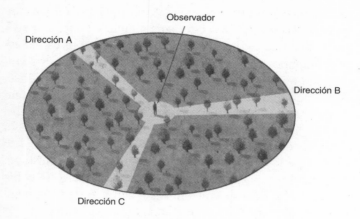

*Bosque isotrópico*

ta. Por ejemplo, como hemos visto, las otras estrellas de nuestra galaxia forman una banda luminosa en el cielo estrellado, llamada la Vía Láctea. Pero si miramos las galaxias distantes, parece haber más o menos el mismo número de ellas en cualquier dirección, de modo que el universo parece aproximadamente igual en todas direcciones, siempre y cuando lo consideremos a escalas suficientemente grandes en relación con la distancia entre galaxias, e ignoremos las diferencias a pequeñas escalas. Imaginemos que estamos en un bosque en que los árboles crecen en posiciones aleatorias. Puede que en una dirección veamos el árbol más próximo a una distancia de un metro y en otra dirección lo veamos a tres metros. En una tercera dirección podríamos ver grupos de árboles a uno, dos y tres metros de distancia. No parece que el bosque tenga el mismo aspecto en cualquier dirección, pero si debiéramos tener en cuenta todos los árboles en un par de kilómetros a la redonda, haríamos un promedio de estas diferencias y hallaríamos que el bosque tiene el mismo aspecto en cualquier dirección en que miremos.

Durante largo tiempo, la distribución uniforme de estrellas fue justificación suficiente para la hipótesis de Friedmann, como una primera aproximación al universo real. Pero más recientemente, un accidente afortunado reveló otro aspecto en que la suposición de Friedmann proporciona de hecho una descripción notablemente precisa del universo. En 1965 dos físicos americanos del laboratorio de la Bell Telephone en Nueva Jersey, Arno Penzias y Robert Wilson, estaban comprobando un detector de microondas muy sensible. (Como hemos visto, las microondas son como las ondas de luz, pero con una longitud de onda de aproximadamente un centímetro.) Lo que preocupaba a Penzias y Wilson era que su detector estaba captando más ruido del esperado. Descubrieron excrementos de pájaros en el detector y examinaron otras posibles fuentes de mal funcionamiento, pero no tardaron en descartarlas. El ruido presentaba la peculiaridad de ser igual durante el día y la noche y a lo largo de todo el año, aunque la tierra girara sobre su eje y orbitara alrededor del sol. Como la rotación y la órbita de la tierra hacían que el detector apuntase en direcciones diferentes en el espacio, Penzias y Wilson concluyeron que el ruido procedía de más allá del sistema solar, e incluso de más allá de la galaxia. De hecho, parecía que procediera por igual de todas las direcciones del espacio. En la actualidad sabemos que, sea cual sea la dirección en que miremos, ese ruido sólo varía en una fracción diminuta, de manera que Penzias y Wilson habían llegado sin proponérselo a una confirmación sorprendente de la primera suposición de Friedmann.

¿Cuál es el origen de este ruido cósmico de fondo? Aproximadamente en la misma época en que Penzias y

Wilson estaban investigando el ruido de su detector, dos físicos americanos de la cercana Universidad de Princeton, Bob Dicke y Jim Peebles, también estaban interesados en las microondas. Estaban trabajando en una sugerencia, formulada por George Gamow (que había sido estudiante de Alexander Friedmann), de que el universo primitivo debería haber sido muy caliente y denso, brillando al rojo vivo. Dicke y Peebles sostenían que todavía debería ser posible observar el resplandor del universo primitivo, porque nos estaría llegando en forma de luz procedente de regiones muy distantes, que sólo ahora nos estaría alcanzando. Sin embargo, la expansión del universo significa que esta luz debería estar tan desplazada hacia el rojo que nos llegaría como radiación de microondas, y no como luz visible. Dicke y Peebles se disponían a buscar esta radiación cuando Penzias y Wilson se enteraron de su trabajo y se dieron cuenta de que ya la habían encontrado. Por ello, Penzias y Wilson fueron galardonados con el premio Nobel de 1978 (lo que parece una mala pasada para Dicke y Peebles, ¡por no hablar de Gamow!).

A primera vista, la evidencia de que el universo tiene el mismo aspecto sea cual sea la dirección en que se observa parece sugerir que hay algo peculiar en nuestra posición en él. En concreto, podría parecer que si observamos que todas las galaxias se están separando de nosotros, deberíamos de hallarnos en el centro mismo del universo. Pero cabe una explicación alternativa: el universo también podría parecer igual en todas direcciones si lo miráramos desde cualquier otra galaxia. Esto, como hemos dicho, constituía la segunda suposición de Friedmann.

Carecemos de evidencias científicas a favor o en contra de la segunda suposición de Friedmann. Hace siglos, la Iglesia la hubiera considerado una herejía, ya que su doctrina dictaba que ocupamos un lugar especial en el centro

*El universo como un globo en expansión*

del universo. Pero actualmente admitimos la suposición de Friedmann casi por la razón opuesta, por un cierto tipo de modestia: creemos que sería muy sorprendente que el universo tuviera el mismo aspecto en todas direcciones a nuestro alrededor pero no alrededor de otros puntos del universo…

En el modelo de universo de Friedmann, cada galaxia se está separando de todas las demás. La situación es parecida a la de un globo con puntos marcados en su superficie y que está siendo hinchado a ritmo constante. A medida que el globo se expande, la distancia entre dos puntos cualesquiera aumenta, pero no se puede decir que ninguno de ellos sea el centro de la expansión. Además, a medida que el radio del globo va aumentando, cuanto más separados están los puntos de su superficie, con mayor rapidez se separan entre sí. Supongamos, por ejemplo, que el radio del globo se duplica cada segundo. En este caso, dos puntos que al principio estén separados un centímetro, al cabo de un segundo estarán separados dos centímetros (medidos sobre la superficie del globo), de manera que su velocidad relativa será de un centímetro por segundo. En cambio, un par de puntos que inicialmente estén separados diez centímetros, al cabo de un segundo estarán separados veinte centímetros, por lo que su velocidad relativa será de diez centímetros por segundo. Análogamente, en el modelo de Friedmann la velocidad con que se separan dos galaxias cualesquiera es proporcional a la distancia entre ellas. Así, él predijo que el desplazamiento hacia el rojo de una galaxia debería ser proporcional a su distancia de nosotros, exactamente lo que descubrió Hubble. A pesar del éxito de su modelo y de su predicción de las observaciones de Hubble, el trabajo de Friedmann permaneció ampliamente ignorado en el mundo occidental, donde modelos semejantes fueron redescubiertos en 1935 por el físico americano Howard Robertson y el matemático británico Arthur Walker, en respuesta al descubrimiento de Hubble de la expansión uniforme del universo.

Friedmann sólo dedujo un modelo de universo pero, si sus suposiciones son correctas, hay en realidad tres posibles tipos de soluciones de las ecuaciones de Einstein, es decir, tres diferentes tipos de modelos de Friedmann, y tres diferentes comportamientos del universo.

En el primer tipo de solución (el que descubrió Friedmann), el universo se expande con suficiente lentitud como para que la atracción gravitatoria entre las galaxias vaya frenando la expansión hasta llegar a detenerla, tras lo cual las galaxias empiezan a aproximarse las unas a las otras y el universo se contrae. En el segundo tipo de solución, el universo se expande tan rápidamente que la atracción gravitatoria no puede llegar a frenarlo nunca, aunque sí va reduciendo su ritmo de expansión. Finalmente, en un tercer tipo de solución, el universo se expande con el ritmo justo para impedir que se vuelva a colapsar. La velocidad con que las galaxias se separan va disminuyendo progresivamente, pero nunca llega a alcanzar el valor cero.

Una característica destacable del primer tipo de modelo de Friedmann es que en él el espacio del universo no es infinito, pero no tiene ningún límite. La gravedad es tan intensa que el espacio se curva sobre sí mismo como una esfera. Esto es muy parecido a la superficie de la tierra, que es finita pero no tiene límites: si viajamos sobre ella siempre en la misma dirección, nunca encontramos una barrera insuperable ni caemos por ningún borde, sino que al final regresamos al lugar de partida. En este modelo de universo el espacio es así, pero con tres dimensiones en lugar de las dos de la superficie terrestre. La idea de que podríamos circunvalar el universo y regresar al punto de donde partimos resulta atractiva para la ciencia ficción, pero es irrelevante a efectos prácticos, ya que se puede demostrar que el universo se habría vuelto a colapsar a un tamaño nulo antes de poderlo rodear. En efecto, el universo es tan grande que para regresar al punto de partida antes de que se terminara deberíamos viajar a una velocidad superior a la de la luz, ¡y esto no está permitido! En el segundo modelo de Friedmann el espacio también está curvado, pero de una manera diferente. Sólo el tercer modelo corresponde a un universo cuya geometría a gran escala es plana (aunque el espacio sigue siendo curvado, o deformado, en las proximidades de los objetos con una gran masa).

¿Cuál de los modelos de Friedmann describe nuestro universo? ¿Llegará el universo a detenerse y empezará a contraerse de nuevo, o bien se seguirá expandiendo para siempre?

Resulta que responder a esta pregunta es más complicado de lo que los científicos creyeron al principio. El análisis más básico depende de dos factores: el ritmo de expansión actual del universo y su densidad media actual (la cantidad de materia en un volumen dado de espacio). Cuanto mayor sea el ritmo de expansión, mayor será la fuerza gravitatoria necesaria para detenerlo y, por lo tanto, mayor será la densidad necesaria de materia. Si la densidad media supera un cierto valor crítico (determinado por el ritmo de expansión), la atracción gravitatoria de la materia contenida en el universo conseguirá detener su expansión y hará que se vuelva a colapsar, como en el primer modelo de Friedmann. Si la densidad media es menor que el valor crítico, no habrá suficiente fuerza gravitatoria para detener la expansión y el universo se seguirá expandiendo para siempre, como en el segundo modelo de Friedmann. Y si la densidad media del universo es exactamente igual al valor crítico, su expansión se irá frenando paulatinamente, cada vez con más lentitud, acercándose, aunque sin llegar a alcanzarlo, a un tamaño estacionario. Esto corresponde al tercer modelo de Friedmann.

Así pues, ¿en qué tipo de universo nos encontramos? Podemos determinar el ritmo de expansión actual midiendo, mediante el efecto Doppler, las velocidades con que se están alejando las galaxias. Esto se puede lograr con gran precisión pero, en cambio, las distancias a las galaxias no se conocen muy bien, porque sólo las podemos medir indirectamente. Así, todo lo que sabemos es que el universo se está expandiendo con una tasa de entre el cinco y el diez por 100 cada mil millones de años. La incertidumbre sobre la densidad media actual del universo es aún mayor. Sin embargo, si sumamos las masas de todas las estrellas que podemos ver en nuestra galaxia y en las otras galaxias, el total es menor que la centésima parte del valor necesario para detener la expansión del universo, incluso para la estimación más baja de la tasa de expansión.

Pero la historia no termina aquí. Nuestra galaxia, y las demás, deben contener también una gran cantidad de «materia oscura» que no podemos ver directamente, pero cuya presencia inferimos a partir de la influencia de su atracción gravitatoria sobre las órbitas de las estrellas. Quizá la mejor evidencia de ello procede de las estrellas de las zonas exteriores de las galaxias espirales como la Vía Láctea. Estas estrellas giran alrededor de sus galaxias demasiado velozmente para poder ser retenidas en su órbita meramente por la atracción gravitatoria de las estrellas observadas. Además, la mayoría de las galaxias se hallan agrupadas en cúmulos, y podemos inferir análogamente la presencia de más materia aún entre dichas galaxias por su efecto sobre el movimiento de éstas. De hecho, la cantidad de materia oscura en el universo supera ampliamente la de materia ordinaria. Cuando sumamos toda esta materia oscura, sólo obtenemos una décima parte de la densidad de materia necesaria para detener la expansión. Pero también podría haber otras formas de materia, distribuida casi uniformemente por el universo, que aún no hayan sido detectadas y que puedan elevar más la densidad media del universo. Por ejemplo, existe un tipo de partículas elementales denominadas neutrinos, que interaccionan muy débilmente con la materia y son muy difíciles de detectar (un experimento reciente sobre neutrinos utilizó un detector subterráneo con nada menos que ¡50.000 toneladas de agua!). Se creía que la masa de los neutrinos era nula y que, por tanto, no ejercían atracción gravitatoria, pero algunos experimentos de los últimos años indican que en realidad tienen una masa muy pequeña, que había pasado desapercibida hasta ahora. Si tienen masa, podrían constituir una forma de materia oscura. Aun admitiendo la existencia de materia oscura, parece que en el universo existe mucha menos materia de la necesaria para detener su expansión, de modo que, hasta hace poco, la mayoría de los físicos habrían admitido que corresponde al segundo modelo de Friedmann.

Pero entonces llegaron nuevas observaciones. En los últimos años, varios equipos de investigadores han estudiado diminutas arrugas en la radiación de fondo de microondas descubierta por Penzias y Wilson. El tamaño de éstas puede ser utilizado como un indicador de la geometría a gran escala del universo y parece indicar que, a fin de cuentas, ¡el universo es plano (como en el tercer modelo de Friedmann)! Como no parece haber suficiente materia normal y materia oscura para dar razón de ello, los físicos han postulado la existencia de una tercera sustancia —no detectada por ahora— para explicarlo: la energía oscura.

Para complicar más las cosas, otras observaciones recientes indican que la expansión del universo en realidad no se está frenando, sino que *se está acelerando*. ¡Ninguno de los modelos de Friedmann contempla esto! Y resulta muy extraño, ya que el efecto de la materia sobre el espacio, tenga densidad elevada o baja, sólo puede ser el de frenar la expansión. La gravedad, a fin de cuentas, es atractiva. El que la expansión cósmica se esté acelerando es tan sorprendente como que la onda expansiva de una bomba ganara potencia en lugar de disiparla a medida que se expande. ¿Qué fuerza podría impulsar el cosmos cada vez más rápidamente? Nadie lo sabe con certeza todavía, pero podría ser una evidencia de que, después de todo, Einstein estaba en lo cierto acerca de la necesidad de la constante cosmológica (y sus efectos antigravitatorios).

Con el arrollador avance de las nuevas tecnologías y los

grandes nuevos telescopios instalados en satélites, estamos aprendiendo rápidamente cosas nuevas y sorprendentes sobre el universo. Tenemos ahora una idea bastante aceptable de su comportamiento en tiempos futuros: el universo se seguirá expandiendo a un ritmo cada vez mayor. El tiempo seguirá transcurriendo indefinidamente, al menos para aquellos que sean suficientemente cautos como para no caer en algún agujero negro. ¿Pero qué ocurrió en las etapas iniciales? ¿Cómo empezó el universo y qué hizo que se expandiera?

# 8

# Big bang, agujeros negros y la evolución del universo

En el modelo cosmológico de Friedmann la cuarta dimensión, el tiempo, al igual que el espacio, tiene extensión finita: es como una línea con dos extremos o fronteras, de manera que el tiempo tendrá un final y tuvo un principio. De hecho, todas las soluciones de las ecuaciones de Einstein en que el universo tiene la cantidad de materia que observamos comparten una característica muy importante: en algún instante del pasado (hace unos 13.700 millones de años) la distancia entre galaxias vecinas debió de haber sido nula. En otras palabras, todo el universo estaba concentrado en un solo punto de tamaño nulo, como una esfera de radio cero. En aquel instante, la densidad del universo y la curvatura del espacio-tiempo debieron de haber sido infinitas. Es el instante que denominamos *big bang* o gran explosión primordial.

Todas las teorías de la cosmología están formuladas sobre la suposición de que el espacio-tiempo es liso y relativamente plano. Esto significa que todas ellas dejan de ser válidas en la gran explosión: ¡difícilmente puede decirse que un espacio-tiempo de curvatura infinita sea plano! Así pues, incluso si antes del big bang hubiera habido algo, no lo podríamos utilizar para determinar lo que podría ocurrir después, porque la predictibilidad se hubiera roto en la gran explosión.

Así, si éste es el caso, sólo sabemos lo que ha ocurrido desde la gran explosión y no podemos determinar lo que ocurrió con anterioridad a ella. En lo que nos concierne, los acontecimientos anteriores a la gran explosión no pueden tener consecuencias y no deberían formar parte de ningún modelo científico del universo. Por ello, deberíamos eliminarlos del modelo y admitir que la gran explosión fue el origen del tiempo. Ello significa que preguntas como «¿quién estableció las condiciones para el big bang?» no son cuestiones que la ciencia estudie.

Si el universo tuvo tamaño nulo, surge la posibilidad de que su temperatura hubiera sido infinita. Se cree que, en el momento mismo de la gran explosión, el universo debía estar infinitamente caliente y que, a medida que se expandía, la temperatura de la radiación iba decreciendo. Como la temperatura es una medida de la energía media —o del cuadrado de la velocidad— de las partículas, este enfriamiento del universo hubiera podido tener un efecto importantísimo sobre la materia. A temperaturas muy elevadas, las partículas se moverían tan rápidamente que podrían escapar de cualquier atracción mutua debida a las fuerzas nucleares o electromagnéticas, pero se podría esperar que, a medida que se fuera enfriando, las partículas empezaran a atraerse y agruparse. Incluso el tipo de partículas que existen depende de la temperatura, y por lo tanto de la edad, del universo.

Aristóteles no creía que la materia estuviera constituida por partículas; creía que era continua. Es decir, según él, sería posible dividir indefinidamente un trozo de materia en fragmentos cada vez menores: nunca se llegaría a un grano de materia que no pudiera seguir siendo dividido. Unos pocos griegos, sin embargo, como Demócrito, sostenían que la materia era inherentemente granular y que todo estaba formado por un gran número de diversos tipos diferentes de átomos. (La palabra *átomo* significa «indivisible» en griego.) Actualmente sabemos que esto es verdad, al menos en nuestro entorno y en el estado actual del universo. Pero los átomos de nuestro universo no han existido siempre, no son indivisibles, y representan tan sólo una pequeña porción de los tipos de partículas del universo.

Los átomos están constituidos por partículas aún más pequeñas: electrones, protones y neutrones. A su vez, protones y neutrones están formados por partículas aún menores llamadas *quarks*. Además, para cada uno de estos tipos de partículas subatómicas existe un tipo de antipartícula. Las antipartículas tienen la misma masa que sus partículas correspondientes, pero tienen carga eléctrica opuesta y algunos otros atributos opuestos. Por ejemplo, la antipartícula de un electrón, denominada positrón, tiene carga positiva, opuesta a la del electrón. Podría haber antimundos y antigente hechos de antipartículas. Sin embargo, cuando una partícula choca con una antipartícula ambas se aniquilan mutuamente. Por tanto, si alguna vez encuentra usted a su *anti-yo*, ¡no le dé la mano! Se aniquilarían mutuamente en un gran destello de radiación.

La energía luminosa llega en forma de otro tipo de partículas, partículas sin masa denominadas fotones. El horno nuclear del sol es la mayor fuente de fotones para la tierra y es también una inmensa fuente de otro tipo de partículas, el neutrino (y antineutrino), antes mencionado, pero estas partículas extremadamente ligeras difícilmente interaccionan con la materia y, en consecuencia, nos atraviesan sin afectarnos, a un ritmo de miles de millones por segundo. De hecho, los físicos han descubierto docenas de partículas elementales. A medida que el universo ha ido experimentando una compleja evolución temporal, la composición de este zoológico de partículas también ha evolucionado, y ello ha permitido la existencia de planetas como la tierra y de seres como nosotros.

Un segundo después de la gran explosión, el universo se habría expandido suficientemente para que su temperatura cayera por debajo de los diez mil millones de grados. Esta temperatura es unas mil veces la del centro del sol, pero temperaturas tan elevadas como ésta se alcanzan en las explosiones de las bombas de hidrógeno. En esta época, el universo habría contenido básicamente fotones, electrones y neutrinos y sus antipartículas, junto con algunos protones y neutrones. Estas partículas habrían tenido tanta energía que al chocar habrían producido muchos pares diferentes partícula-antipartícula. Por ejemplo, los fotones, al chocar, pueden producir un electrón y su antipartícula, el positrón. Algunas de estas partículas recién producidas chocarían con alguna antipartícula del tipo correspondiente y se aniquilarían. Cada vez que un electrón se encontrara con un positrón, se aniquilarían mutuamente, pero el proceso inverso no es tan fácil: para que dos partículas sin masa, como los fotones, creen un par partícula-antipartícula, como por ejemplo un electrón y un positrón, deben tener una cierta energía mínima, ya que electrón y positrón tienen masa, y esta masa recién creada debe proceder de la energía de las partículas que han chocado. A medida que el universo se seguía expandiendo y la temperatura bajaba, el ritmo de las colisiones con energía suficiente para crear pares electrón-positrón se hizo inferior al ritmo con que los pares iban siendo destruidos por aniquilación. Así, al final, la mayoría de los electrones y positrones se habrían aniquilado entre sí para producir más fotones, quedando sólo relativamente unos pocos electrones. Los neutrinos y antineutrinos, en cambio, interaccionan muy débilmente entre sí y con otras partículas, de manera que no se aniquilarían mutuamente con tanta rapidez y deberían encontrarse todavía a nuestro alrededor. Si los pudiéramos observar, nos proporcionarían una prueba fehaciente de una etapa inicial muy caliente del universo. Desgraciadamente, en la actualidad su energía sería demasiado baja como para que los pudiéramos observar de forma directa (aunque quizá los podamos detectar indirectamente).

Un centenar de segundos después de la gran explosión, la temperatura del universo habría descendido a mil millones de grados, la que se halla en el interior de las estrellas más calientes. A esta temperatura, protones y neutrones no tendrían suficiente energía para vencer la atracción de la fuerza nuclear fuerte, y empezarían a combinarse para producir núcleos de deuterio (hidrógeno pesado), que contiene un protón y un neutrón. A continuación, dichos núcleos se habrían combinado con más protones y neutrones para formar núcleos de helio, que contienen dos protones y dos neutrones, y también pequeñas cantidades de un par de elementos más pesados, litio y berilio. Es posible calcular que en el modelo de la gran explosión caliente aproximadamente una cuarta parte de los protones y neutrones habrían pasado a formar núcleos de helio, junto con una pequeña cantidad de hidrógeno pesado y otros elementos. Los neutrones restantes habrían decaído en protones, que son los núcleos del hidrógeno ordinario.

Esta imagen de una etapa primordial muy caliente del universo fue propuesta por primera vez por el científico George Gamow en un famoso artículo escrito en 1948 junto con uno de sus estudiantes, Ralph Alpher. Gamow tenía un considerable sentido del humor, de modo que persuadió al científico nuclear Hans Bethe para que añadiera su nombre al artículo y provocar, así, que la lista de autores, «Alpher, Bethe, Gamow», sonara como las tres primeras letras del alfabeto griego: alfa, beta, gamma.

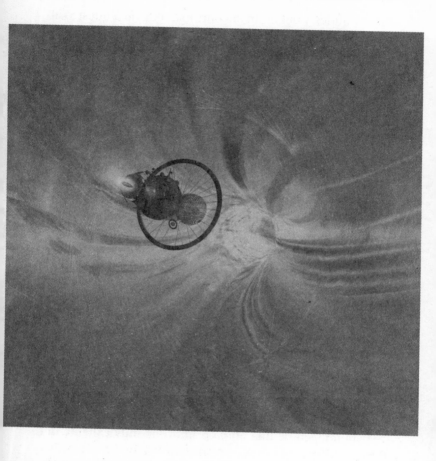

¡Sumamente adecuado para un artículo sobre el comienzo del universo! En este artículo hicieron la notable predicción de que la radiación (en forma de fotones) de las etapas primitivas muy calientes del universo aún debería estar a nuestro alrededor, pero con su temperatura reducida a unos pocos grados sobre el cero absoluto. (En el cero

absoluto, –273 °C, las sustancias no contienen energía térmica y ésta es, por lo tanto, la temperatura más baja posible.)

Esta radiación de microondas fue lo que Penzias y Wilson descubrieron en 1965. En la época en que Alpher, Bethe y Gamow escribieron su artículo, se sabía poco sobre
las reacciones nucleares de protones y neutrones. En consecuencia, sus predicciones sobre las proporciones de varios elementos en el universo primitivo eran muy poco
precisas, pero estos cálculos han sido repetidos a la luz de
mejores conocimientos y ahora concuerdan muy bien con
las observaciones. Además, es muy difícil explicar de otra
manera por qué un cuarto de la masa del universo está en
forma de helio.

Pero esta visión presenta algunos problemas: en el modelo del big bang caliente no hubo tiempo suficiente para
que en el universo primitivo hubiera podido fluir calor de
una región a otra. Ello significa que el estado inicial del
universo debería haber tenido exactamente la misma temperatura en todos los puntos para poder explicar que el
fondo de microondas presente la misma temperatura en
todas las direcciones en que observemos. El ritmo de expansión inicial también debería haber sido escogido de
manera muy precisa como para que su valor actual sea tan
próximo al ritmo crítico necesario para evitar que el universo se vuelva a colapsar. Sería muy difícil explicar por
qué el universo debería haber empezado precisamente de
esta manera, excepto como un acto de voluntad de un
Dios que quisiera crear seres como nosotros. En un intento de hallar un modelo de universo en que muchas configuraciones iniciales diferentes pudieran haber evolucionado hacia algo parecido al universo actual, un científico
del Instituto de Tecnología de Massachusetts, Alan Guth,
sugirió que el universo primitivo podría haber atravesado

un período de expansión muy rápida. Esta expansión se denomina «inflacionaria», lo que significa que en una cierta época el universo se expandió a un ritmo creciente. Según Guth, el radio del universo creció un millón de billones de billones de veces (un uno con treinta ceros detrás) en sólo una pequeñísima fracción de segundo. Cualquier irregularidad que hubiera habido en el universo simplemente habría quedado suavizada por la expansión, así como las arrugas de un globo desaparecen al hincharlo. De esta manera, la inflación explicaría cómo el estado actual suave y uniforme del universo podría proceder de la evolución de muchos posibles estados iniciales no homogéneos diferentes. Por lo tanto, confiamos bastante en que tenemos la imagen correcta del universo, al menos hasta una millonésima de billonésima de billonésima de segundo después de la gran explosión.

Tras este torbellino inicial, sólo unas pocas horas después del big bang, la producción de helio y de otros elementos como el litio se habría detenido. Y después, durante el millón de años siguiente, aproximadamente, el universo se habría limitado a seguir expandiéndose, sin que ocurriera nada de especial interés. Cuando la temperatura cayó a unos pocos miles de grados y los electrones y los núcleos ya no tenían suficiente energía cinética para superar su atracción electromagnética mutua, deberían haber empezado a combinarse para formar átomos. El universo en conjunto se siguió expandiendo y enfriando, pero en algunas regiones donde la densidad era ligeramente superior a la media, la expansión se habría frenado un poco por la atracción gravitatoria adicional.

Esta atracción acabaría por detener la expansión en algunas regiones y haría que se empezaran a colapsar. Durante su colapso, la atracción gravitatoria de la materia de su alrededor les podría imprimir una leve rotación. A medida que la región que se colapsase se fuera haciendo más pequeña, giraría más deprisa, igual que pasa con los patinadores sobre hielo al encoger los brazos. Al final, cuando la región fuera suficientemente pequeña, girarían con suficiente velocidad como para contrarrestar la atracción de la gravedad, y a partir de ella nacerían galaxias rotatorias de forma discoidal. Otras regiones, que no habrían adquirido rotación, se convertirían en objetos ovalados denominados galaxias elípticas. En ellas, la región dejaría de colapsarse porque las partes individuales de la galaxia girarían de forma estable alrededor de su centro, pero la galaxia no tendría una rotación global.

Con el transcurso del tiempo, el hidrógeno y el helio de las galaxias se disgregarían en nubes más pequeñas que podrían colapsarse bajo los efectos de su propia gravedad. A medida que se contrajeran y sus átomos chocaran entre sí, la temperatura del gas aumentaría hasta alcanzar un valor suficientemente elevado como para que empezaran a producirse reacciones de fusión nuclear, que convertirían hidrógeno en helio. El calor liberado por estas reacciones, que son como una explosión controlada de una bomba de hidrógeno, es lo que hace que las estrellas brillen. Este calor adicional también aumenta la presión del gas hasta que adquiere el valor suficiente para contrarrestar la atracción gravitatoria, y el gas deja de contraerse. Así, estas nubes se convierten en estrellas como el sol, que queman hidrógeno en helio e irradian la energía resultante en forma de calor y de luz. La situación es parecida a la de un globo, en que la presión del aire del interior, que intenta que el globo se expanda, neutraliza la tensión de la goma, que intenta comprimir el globo.

Una vez las nubes de gas caliente han formado una estrella, ésta permanece estable largo tiempo, durante el cual el calor de las reacciones nucleares contrarresta la atracción gravitatoria. Llega un momento, sin embargo, en que la estrella agota su hidrógeno y otros combustibles nucleares. Paradójicamente, cuanto mayor es la cantidad inicial de combustible de una estrella, menos tarda en agotarlo. Ello se debe a que cuanto mayor es la masa de la estrella, más caliente debe estar para contrarrestar su atracción gravitatoria, y cuanto más caliente está, más rápida es la reacción de fusión nuclear y más rápidamente consume el combustible. Nuestro sol tiene probablemente combustible suficiente para durar otros cinco mil millones de años, pero estrellas mayores pueden agotar su combustible en menos de unos cien millones de años, mucho menos que la edad del universo.

Cuando una estrella agota su combustible, empieza a enfriarse y la gravedad comienza a ganar la partida, y hace que se contraiga. Esta contracción comprime el gas de la estrella y hace que se vuelva a calentar. A medida que esto ocurre, empieza a convertir helio en elementos más pesados, como carbón u oxígeno. Pero esto no libera mucha más energía, de manera que se produciría una crisis. Lo que sucede a continuación no queda del todo claro, pero parece probable que las regiones centrales de la estrella se colapsen a un estado muy denso, como un agujero negro.

El término *agujero negro* tiene un origen reciente. Fue acuñado en 1969 por el científico americano John Wheeler para describir gráficamente una idea que cuenta al menos con doscientos años: si la masa de una estrella es lo suficientemente elevada, la luz no podría escapar de su atracción gravitatoria y, por tanto, parecería negra a los observadores exteriores.

Cuando esta idea fue propuesta por primera vez, había dos teorías sobre la luz: según una, favorecida por Newton, la luz estaba compuesta por partículas; según la otra, esta-

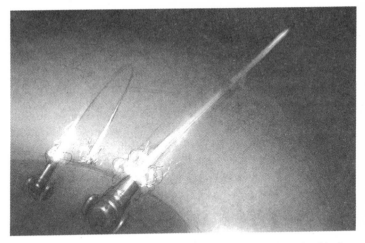

*Proyectiles con velocidad mayor y menor que la velocidad de escape*

ba formada por ondas. Actualmente sabemos que ambas teorías son correctas. Como veremos en el capítulo 9, por la dualidad onda-corpúsculo de la mecánica cuántica, algunos comportamientos de la luz son ondulatorios y otros nos sorprenden como corpusculares. Los descriptores «onda» y «partícula» son conceptos creados por los humanos, y no necesariamente realidades que la naturaleza esté obligada a respetar haciendo que todos los fenómenos caigan en una categoría o en la otra.

En la teoría ondulatoria de la luz, no quedaba claro cómo respondería ésta a la gravitación. Pero si pensamos en la luz como algo constituido por partículas, podríamos esperar que éstas fueran afectadas por la gravitación al igual que lo son los obuses, los cohetes y los planetas. En particular, si disparamos un obús hacia arriba, al final volverá a caer a la tierra, a no ser que su velocidad inicial supere un cierto valor llamado velocidad de escape. Esta velocidad depende de la intensidad de la gravedad terrestre, es decir, de la masa de la tierra, pero es independiente de la masa del proyectil, por el mismo motivo por el cual la velocidad con que caen los objetos no depende de su masa. Como la velocidad de escape no depende de la masa, podemos imaginar que el análisis anterior es aplicable a las partículas de luz, sea cual sea su masa, ¡e incluso si es nula! Era por tanto razonable conjeturar que las partículas de luz, si se ven afectadas por la gravedad, deben tener una cierta velocidad mínima para poder escapar de la atracción gravitatoria de una estrella.

Al principio se creía que las partículas de la luz viajaban a una velocidad infinita, de manera que la gravedad no podría frenarlas, pero el descubrimiento de Roemer de que la luz viaja a una velocidad finita significaba que la gravedad podría tener un efecto importante: si la estrella tiene la suficiente masa, la velocidad de la luz será menor que la velocidad de escape correspondiente y toda la luz emitida por la estrella volverá a caer sobre ella. A partir de esta suposición, un antiguo catedrático de Cambridge, John Michell, publicó en 1783 un artículo en las *Philosophical Transactions of the Royal Society of London* en que señalaba que el campo gravitatorio de una estrella con la suficiente masa, y compacta, sería tan intenso que la luz no podría escapar de ella: cualquier luz emitida desde su superficie sería arrastrada hacia atrás por la gravitación de la estrella antes de que pudiera llegar demasiado lejos. Tales objetos son lo que actualmente llamamos agujeros negros, porque eso es lo que son: vacíos negros en el espacio.

De hecho, tratar la luz como proyectiles en la teoría newtoniana de la gravedad no es completamente coherente, porque la velocidad de la luz es fija. Un proyectil lanzado desde la tierra sería frenado por la gravedad y terminaría por detenerse; un fotón, en cambio, debe seguir subiendo con velocidad constante. No se dispuso de una teoría coherente sobre cómo afecta la gravedad a la luz hasta que en 1915 Einstein propuso la relatividad general; el problema de comprender lo que ocurriría, según esta teoría, con una estrella de gran masa fue resuelto por primera vez por un joven americano, Robert Oppenheimer, en 1939.

La visión que actualmente tenemos, según el trabajo de Oppenheimer, es la siguiente. El campo gravitatorio de la estrella modifica las trayectorias de los rayos de luz en el espacio-tiempo respecto a las que hubiera habido en ausencia de la estrella. Este efecto es el que se observa, durante los eclipses de sol, en la curvatura de la luz procedente de estrellas distantes. Las trayectorias de la luz en el espacio-tiempo se curvan ligeramente hacia la superficie de la estrella. A medida que ésta se contrae, se hace más densa, de manera que el campo gravitatorio en su superficie se hace más intenso. (Podríamos pensar que el campo gravitatorio emana del punto central de la estrella; a medida que ésta se encoge, los puntos de su superficie se aproximan al centro, de manera que notan un campo más intenso.) La mayor intensidad del campo hace que las trayectorias de la luz próximas a la superficie se curven más. Al final, cuando la estrella se ha encogido por debajo de un cierto radio crítico, el campo gravitatorio en su superficie es tan intenso que las trayectorias de la luz se curvan mucho y ésta ya no puede escapar.

Según la teoría de la relatividad, nada puede viajar más deprisa que la luz. Por lo tanto, si ésta no puede escapar, nada lo puede hacer; todo es arrastrado hacia atrás por el campo gravitatorio. La estrella colapsada ha formado una región del espacio-tiempo de la cual es imposible escapar hacia un observador distante. Esta región es el agujero negro y su frontera exterior se denomina horizonte de sucesos. En la actualidad, gracias a los telescopios que enfocan rayos X y rayos gamma más que la luz visible, sabemos que los agujeros negros son fenómenos comunes, mucho más frecuentes de lo que pensábamos al principio. Un satélite descubrió 1.500 agujeros negros en tan sólo una zona muy pequeña del firmamento. También hemos descubierto un agujero negro en el centro de nuestra galaxia, con una masa mayor que un millón de veces la masa del sol. A su alrededor, hay una estrella que gira a aproximadamente un dos por 100 de la velocidad de la luz, ¡mayor que la velocidad media con que los electrones giran alrededor del núcleo en los átomos!

Para comprender lo que veríamos si observáramos cómo una estrella con una gran masa se colapsa para formar un agujero negro, debemos recordar que en la teoría de la relatividad no existe un tiempo absoluto, sino que cada observador tiene su propia medida del tiempo. El paso del tiempo para alguien en la superficie de una estrella será diferente del de alguien a distancia de ella, porque el campo gravitatorio es más intenso en la superficie de la estrella.

Supongamos que un intrépido astronauta se posa sobre la superficie de una estrella y permanece sobre ella a medida que ésta se va colapsando. En algún momento en su reloj, digamos a las 11:00, la estrella se encoge por debajo del radio crítico en que su campo gravitatorio deviene tan intenso que nada puede escapar de ella. Supongamos ahora que tiene instrucciones de enviar una señal cada segundo que marque su reloj, a una nave espacial que orbita a una distancia fija alrededor de la estrella. Empieza a transmitir a las 10:59:58, dos segundos antes de las 11:00. ¿Qué detectarán sus compañeros de la nave espacial?

Hemos aprendido, del experimento mental anterior acerca de la nave espacial acelerada, que la gravedad ralentiza el tiempo y que, cuanto más intensa es, mayor resulta este efecto. El astronauta sobre la estrella se halla en un campo gravitatorio más intenso que sus compañeros en órbita, de manera que lo que para él es un segundo será más de un segundo en los relojes de ellos. A medida que cabalga sobre el colapso de la estrella, el campo que experimenta crecerá cada vez más, de manera que el intervalo entre sus señales parecerá sucesivamente más largo a los compañeros de la nave espacial. Esta dilatación del tiempo sería muy pequeña antes de las 10:59:59, de manera que los astronautas en órbita sólo tendrían que esperar un poco más de un segundo entre las señales del astronauta correspondientes a las 10:59:58 y las 10:59:59, pero deberían esperar indefinidamente para la señal de las 11:00.

En efecto, todo lo que ocurre en la superficie de la estrella entre las 10:59:59 y las 11:00 (según el reloj del astronauta) se esparciría en un intervalo infinito de tiempo, según la nave espacial. A medida que se acercaran las 11:00, el intervalo temporal entre la llegada de crestas y valles sucesivos de la luz procedente de la estrella se haría cada vez más largo, tal como ocurriría con los intervalos entre las señales sucesivas del astronauta. Como la frecuencia de la luz expresa el número de crestas y valles por segundo, dicha frecuencia de la luz parecería cada vez más baja, y por lo tanto la luz parecería cada vez más roja (¡y cada vez más débil!) a los tripulantes de la nave espacial. Al final, la estrella sería tan mortecina que ya no podría ser divisada desde la nave espacial: todo lo que quedaría de ella sería un agujero negro en el espacio. Sin embargo, la estrella seguiría ejerciendo la misma fuerza gravitatoria sobre la nave espacial, que seguiría girando en su órbita.

Este escenario, sin embargo, no es completamente realista debido al siguiente problema: la gravedad se hace más débil a medida que nos alejamos de la estrella, de manera que la fuerza gravitatoria sobre nuestro valeroso astronauta siempre sería mayor sobre los pies que sobre la cabeza. ¡Esta diferencia de fuerzas estiraría al astronauta como un espagueti y lo despedazaría antes de que la estrella se hubiera contraído al radio crítico en que se forma el horizonte de sucesos! Sin embargo, creemos que en el universo hay objetos mucho mayores, como por ejemplo la región central de las galaxias, que también pueden experimentar colapso gravitacional para producir agujeros negros, como el agujero negro supermasivo del centro de nuestra galaxia. Sobre uno de éstos, un astronauta no sería despedazado antes de formarse el agujero negro, sino que, de hecho, no notaría nada especial cuando llegara al radio crítico y podría atravesar el punto de no retorno sin advertirlo, aunque para los observadores exteriores sus señales estarían cada vez más espaciadas y acabarían por detenerse. Pero al cabo de unas pocas horas (medidas por el astronauta), conforme la región siguiera colapsándose, la diferencia entre las fuerzas gravitatorias en los pies y la cabeza empezaría a ser tan intensa que lo despedazaría.

A veces, cuando se colapsa una estrella de masa muy grande, sus regiones exteriores pueden ser expulsadas violentamente hacia fuera por una tremenda explosión denominada supernova. Una explosión de supernova es enorme: puede emitir más luz que todas las demás estrellas de la galaxia juntas. Un ejemplo de ello es la supernova del Cangrejo, que los chinos registraron en 1054. Aunque la estrella había explotado a 5.000 años-luz de distancia, resultó perceptible a simple vista durante meses, y brillaba tanto que resultaba visible incluso durante el día y se podía leer a su luz durante la noche. Una supernova a 500 años-luz de distancia (una décima parte de la distancia anterior) sería cien veces más brillante y podría literalmente convertir la noche en día. Para apreciar la violencia de estas explosiones, tengamos presente que su luz podría competir con la del sol, aunque estuviera decenas de millones de veces más lejos (nuestro sol se halla a una distancia de tan sólo ocho minutos-luz). Si se produjera una supernova suficientemente cerca, podría emitir bastante radiación para matar a todos los seres vivos, aun dejando la tierra intacta. De hecho, recientemente se propuso que una debacle de criaturas marinas que tuvo lugar hace doscientos millones de años fue causada por los rayos cósmicos de la radiación de una supernova cercana. Algunos científicos creen que la vida avanzada sólo se puede desarrollar en las regiones de las galaxias donde no haya demasiadas estrellas («zonas de vida») porque en regiones más densas los fenómenos de supernovas serían lo suficientemente comunes para sofocar regularmente cualquier intento de evolución biológica. Como promedio, centenares de miles de supernovas explotan diariamente en un lugar u otro del universo. En una galaxia, se produce una supernova aproximadamente una vez por siglo, pero esto es tan sólo un promedio. Desgraciadamente —para los astrónomos, al menos—, la última supernova registrada en la Vía Láctea se produjo en 1604, antes de que se inventara el telescopio.

El principal candidato a la próxima explosión de supernova en nuestra galaxia es una estrella denominada Rho Casiopea. Por fortuna, está a una distancia prudencial de nosotros: unos 10.000 años-luz. Pertenece a una clase de estrellas conocidas como hipergigantes amarillas, y es una de las siete estrellas de esta clase que se conocen en la Vía Láctea. Un equipo internacional de astrónomos empezó a estudiarla en 1993. Al ir pasando los años observaron que presentaba fluctuaciones periódicas de temperatura de unos pocos centenares de grados. De repente, en el verano de 2000, su temperatura cayó bruscamente de unos 7.000 grados a unos 2.000 grados Celsius. Durante este tiempo, también se detectó en su atmósfera óxido de titanio que, según se cree, forma parte de una capa expulsada por la estrella a causa de una imponente onda de choque.

En una supernova, algunos de los elementos más pesados producidos hacia el fin de la vida de la estrella son eyectados al gas de la galaxia, y suministran parte de la materia prima para la próxima generación de estrellas. Nuestro sol contiene un dos por 100 de estos elementos más pesados. Es una estrella de segunda o tercera generación, formada hace unos cinco mil millones de años a partir de una nube de gas en rotación que contenía los desechos de supernovas anteriores. La mayor parte del gas de dicha nube pasó a formar el sol o fue lanzada al espacio, pero una pequeña parte de los elementos más pesados se agrupó para formar los cuerpos que ahora orbitan alrededor del sol como planetas, como sucede con la tierra. ¡El oro de las joyas y el uranio de los reactores nucleares son restos de supernovas que existieron antes de que naciera nuestro sistema solar!

Cuando la tierra estaba recién condensada, estaba muy caliente y carecía de atmósfera. Con el transcurso del tiempo se enfrió y adquirió una atmósfera mediante la emisión de gases de las rocas, pero en aquella atmósfera primitiva no hubiéramos podido sobrevivir: no contenía oxígeno, sino muchos otros gases que resultan tóxicos para nosotros, como el sulfhídrico (el gas que produce el hedor de los huevos podridos). Sin embargo, otras formas primitivas de vida pudieron florecer en aquellas condiciones. Se cree que se desarrollaron en los océanos, quizá como resultado de combinaciones aleatorias de átomos en estructuras grandes, denominadas macromoléculas, capaces de reunir otros átomos en el océano para producir estructuras semejantes a sí mismas. Así, se habrían autorreproducido y multiplicado, aunque en algunos casos habría habido errores en la reproducción. La mayoría de ellos habría impedido que la nueva macromolécula se pudiera reproducir y al final habría sido destruida. Sin embargo, unos pocos de los errores habrían producido nuevas macromoléculas que se reproducirían mejor aún, ventaja que les habría llevado a reemplazar las macromoléculas originales. De esta manera, habría empezado un proceso de evolución que condujo al desarrollo de organismos autorreproductores cada vez más complicados. Las primeras formas primitivas de vida consumían diversos materiales, incluido el sulfhídrico, y liberaban oxígeno. Esto cambió gradualmente la composición de la atmósfera hasta la que tiene en la actualidad, y permitió el desarrollo de formas superiores de vida como los peces, reptiles, mamíferos y, al final, la especie humana.

Esta imagen del universo, basada en la relatividad general, concuerda con las evidencias observacionales de que disponemos en la actualidad. Sin embargo, las matemáticas no pueden tratar realmente magnitudes infinitas, de manera que, al afirmar que el universo empezó con el big bang, la teoría general de la relatividad predice que hay un punto en el universo en que ella misma deja de ser válida. Tal punto es un ejemplo de lo que los matemáticos denominan una singularidad. Cuando una teoría predice singularidades, como por ejemplo valores infinitos para la temperatura, la densidad o la curvatura, nos está indicando que debe ser modificada de alguna manera. La relatividad general es, así, una teoría incompleta porque no nos puede predecir cómo dio comienzo el universo.

El siglo XX vio cómo se transformaba la visión que los seres humanos tenemos del universo: nos dimos cuenta de la insignificancia de nuestro planeta en la inmensidad del universo, descubrimos que el tiempo y el espacio eran curvados e inseparables, que el universo se estaba expandiendo y que había tenido un comienzo en el tiempo. Aun así, también comprendimos que la nueva gran teoría de la estructura a gran escala del universo, la relatividad general, deja de ser válida en las proximidades del origen del tiempo.

El siglo xx también vio nacer otra gran teoría parcial de la naturaleza: la mecánica cuántica. Esta teoría trata los fenómenos que se producen a escalas muy pequeñas. Nuestra concepción del big bang nos indica que debió de haber un momento en que el universo muy primitivo era tan pequeño que, incluso al estudiar su estructura «a gran escala», no es posible ignorar los efectos de pequeña escala de la mecánica cuántica. Nuestra mayor esperanza de obtener una comprensión completa del universo desde su principio hasta su final implica combinar estas dos teorías parciales en una sola teoría cuántica de la gravedad. Veremos posteriormente que cuando se combina la relatividad general con el principio de incertidumbre de la mecánica cuántica surge la posibilidad de que tanto el espacio como el tiempo sean finitos, pero sin tener bordes ni fronteras. Y es posible que las leyes ordinarias de la ciencia se cumplan en todos los sitios, incluida la región inicial del tiempo, sin necesidad de que haya en ella singularidad alguna.

# 9

# Gravedad cuántica

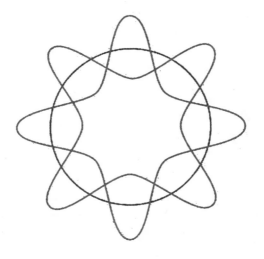

El éxito de las teorías científicas, en particular de la teoría de la gravedad de Newton, condujo al científico francés marqués de Laplace, a principios del siglo XIX, a sostener que el universo era completamente determinista. Ello significa que Laplace creía en la existencia de un conjunto de leyes científicas que nos permitirían, al menos en principio, predecir todo lo que ocurriría en el universo. La «única» información que necesitarían estas leyes sería el estado completo del universo en un momento dado. Esto se denomina una «condición inicial» o «condición de frontera». (Una frontera puede referirse a una frontera en el espacio o en el tiempo; una condición de frontera en el espacio es el estado del universo en su borde exterior, si es que lo tiene.) Basándose en un conjunto completo de leyes y en las condiciones iniciales y de frontera apropiadas, Laplace creía que deberíamos poder calcular el estado completo del universo en cualquier otro instante. Probablemente, la necesidad de las condiciones iniciales es intuitivamente obvia: diferentes estados presentes conducirán, obviamente, a estados futuros diferentes. La necesidad de condiciones de frontera en el espacio es un poco más sutil, pero el principio es el mismo. Las ecuaciones en que se basan las teorías físicas pueden tener generalmente soluciones muy diferentes, y debemos contar con las condiciones iniciales y de frontera para decidir cuáles de ellas hemos de considerar. En cierto modo, es como decir que nuestra cuenta bancaria depende no sólo de las sumas que ingresamos o retiramos, sino también de las condiciones iniciales o de frontera de cuál era el valor de la cuenta en el momento de su apertura.

Si Laplace estuviera en lo cierto, entonces, dado el estado del universo en el presente, estas leyes nos podrían decir su estado tanto en el futuro como en el pasado. Por ejemplo, dadas las posiciones y velocidades del sol y los planetas, podemos utilizar las leyes de Newton para calcular el estado del sistema solar en cualquier instante anterior o posterior. El determinismo parece bastante obvio en el caso de los planetas; al fin y al cabo, los astrónomos hacen predicciones muy precisas de acontecimientos como los eclipses. Pero Laplace fue más allá, y supuso que había leyes semejantes que gobernaban todo lo demás, incluido el comportamiento humano.

¿Es realmente posible que los científicos lleguen a calcular en el futuro cuáles serán nuestras acciones? Un vaso de agua contiene más de $10^{24}$ (un 10 seguido de 24 ceros) moléculas. En la práctica, no podemos esperar saber nunca el estado de cada una de ellas, y mucho menos, pues, el «estado completo» del universo, ni tan siquiera el de nuestro cuerpo. Aun así, decir que el universo es determinista significa que, aunque no tengamos la potencia mental necesaria para efectuar el cálculo, nuestro futuro está, sin embargo, determinado.

Esta doctrina del determinismo científico halló una fuerte oposición por parte de mucha gente, que pensó que quedaba infringida la libertad de Dios de hacer que el mundo funcionara como Él creyera conveniente, pero siguió siendo la suposición habitual de la ciencia hasta principios del siglo xx. Uno de los primeros indicios de que esta creencia debía ser abandonada surgió cuando los científicos británicos lord Rayleigh y sir James Jeans calcularon la cantidad de radiación de cuerpo negro que un objeto caliente, como por ejemplo una estrella, debe radiar (recordemos, del capítulo 7, que cualquier cuerpo material, al ser calentado, emite radiación de cuerpo negro).

Según las leyes conocidas en aquel tiempo, un cuerpo caliente debería emitir por igual ondas electromagnéticas en todas las frecuencias. Si esto fuera verdad, radiaría la misma cantidad de energía en todos los colores del espectro de la luz visible, y para todas las frecuencias de microondas, radioondas, rayos X, etc. Recordemos que la frecuencia de una onda es el número de veces que ésta oscila por segundo, es decir, el número de «ondas por segundo». Matemáticamente, que un cuerpo caliente emitiera por igual ondas a todas las frecuencias significaba que debería emitir la misma cantidad de energía tanto en ondas con frecuencias comprendidas entre cero y un millón de ondas por segundo, como en ondas con frecuencias comprendidas entre uno y dos millones de ondas por segundo, dos y tres millones de ondas por segundo, y así sucesivamente, e indefinidamente. Supongamos que se emite una unidad de energía en forma de ondas con frecuencia comprendida entre cero y un millón de ondas por segundo, y así en cada intervalo. Entonces, la cantidad total de energía radiada en todas las frecuencias es la suma de uno más uno más uno... indefinidamente. Como no hay límite para el número de ondas por segundo que pueda contener una onda, la suma de estas energías es una suma sin fin. Según este razonamiento, la energía total radiada debería ser infinita.

Para evitar este resultado evidentemente absurdo, el científico alemán Max Planck sugirió en 1900 que la luz, los rayos X y otras ondas electromagnéticas sólo podrían ser emitidos en ciertos paquetes discretos, que denominó «cuantos». En la actualidad, llamamos fotón al cuanto de luz. Cuanto mayor es la frecuencia de la luz, mayor es el contenido de energía de «cuantos». Por lo tanto, aunque todos los fotones de cualquier color o frecuencia dados son idénticos, la teoría de Planck establece que los fotones de diferentes frecuencias difieren en la cantidad de energía que transportan. Esto significa que en la teoría cuántica la luz «más tenue» de un color dado cualquiera —la luz transportada por un solo fotón— tiene un contenido energético que depende de su color. Por ejemplo, como la frecuencia de la luz violeta es el doble que la de la luz roja, un cuanto de luz violeta tiene el doble de energía que uno de luz roja. Así pues, la cantidad más pequeña posible de la luz violeta es el doble de grande que la cantidad más pequeña posible de luz roja.

¿Cómo resuelve esto el problema del cuerpo negro? La cantidad más pequeña de energía electromagnética que un cuerpo negro puede emitir en una frecuencia dada es la transportada por un fotón de dicha frecuencia, energía que es mayor a frecuencias más elevadas. A frecuencias suficientemente elevadas, la cantidad de energía en un solo fotón sería mayor que la disponible para todo el cuerpo, en cuyo caso no se emitiría luz, poniendo fin de este modo a la suma anteriormente ilimitada. Así, en la teoría de Planck, la radiación a frecuencias elevadas quedaría reducida y, en consecuencia, la tasa con que el cuerpo pierde energía sería finita, resolviendo el problema del cuerpo negro.

La hipótesis cuántica explicaba muy satisfactoriamente la tasa observada de emisión de radiación de los cuerpos calientes, pero sus consecuencias sobre el determinismo no fueron advertidas hasta 1926, cuando otro científico alemán, Werner Heisenberg, formuló su famoso principio de incertidumbre.

El principio de incertidumbre (o de indeterminación), contrariamente a la creencia de Laplace, afirma que la naturaleza impone límites a nuestra capacidad de predecir el futuro mediante leyes científicas. Esto es debido a que, para poder predecir la posición y velocidad futuras de una partícula, debemos poder medir con precisión su estado inicial, es decir, su posición y velocidad actuales. La manera obvia de hacerlo es enviar luz a la partícula. Algunas de las ondas de luz serán dispersadas por ésta y podrán ser detectadas por el observador, indicando así la posición de la partícula. Sin embargo, la luz de una longitud de onda determinada sólo tiene una sensibilidad limitada: no es posible determinar la posición de la partícula con precisión mayor que la distancia entre crestas sucesivas de la onda. Por lo tanto, si deseamos medir con precisión la posición de la partícula, debemos utilizar luz con longitud de onda corta, es decir, con frecuencia elevada. Por la hipótesis cuántica de Planck, sin embargo, no podemos utilizar una cantidad de luz arbitrariamente pequeña: como mínimo, debemos utilizar un cuanto, cuya energía es mayor a frecuencias más elevadas. Así, cuanto mayor sea la precisión con que queramos medir la posición de una partícula, más energético será el cuanto de luz que debemos lanzar contra ella.

Según la teoría cuántica, incluso un solo cuanto de luz perturbará la partícula y modificará su velocidad de forma impredecible. Y cuanto más energético sea el cuanto de luz utilizado, mayor será la perturbación esperada. Esto significa que, para medir con más precisión la posición, tenemos que utilizar un cuanto más energético, con lo que la velocidad de la partícula se verá más perturbada. Por tanto, con cuanta mayor precisión tratemos de medir la posición de la partícula, menor será la precisión con que podremos medir su velocidad, y viceversa. Heisenberg demostró que la incertidumbre en la posición de la partícula, multiplicada por la incertidumbre en su velocidad, multiplicada por la masa de la partícula, nunca puede ser menor que un valor dado. Esto significa, por ejemplo, que si reducimos a la mitad la incertidumbre en la posición, se duplica la incertidumbre en la velocidad, y viceversa. La naturaleza siempre nos obligará a participar en esta negociación.

¿Cuán mala es esta negociación? Depende del valor numérico de ese «cierto valor fijo» que mencionamos anteriormente. Dicho valor es conocido como la constante de Planck, y es un número muy pequeño. Como la constante de Planck es muy pequeña, los efectos de esta negociación, y de la teoría cuántica en general, no son directamente observables en nuestra vida cotidiana, igual que ocurre con los efectos de la relatividad. (Aunque la teoría cuántica afecta directamente a nuestra vida, ya que constituye la base de campos como, por ejemplo, la electrónica moderna.) Por ejemplo, si seleccionamos la velocidad de una pelota de un gramo de masa con un error de un centímetro por segundo, podemos precisar su posición con una exactitud mucho mayor de la que nunca necesitaremos. Pero si medimos la posición de un electrón con una precisión de aproximadamente los confines de un átomo, no podremos saber su velocidad con mayor precisión que más o menos mil kilómetros por segundo, que no es muy preciso que digamos.

El límite dictado por el principio de incertidumbre no depende de la manera en que intentemos medir la posición o la velocidad de la partícula, ni del tipo de partícula. El principio de incertidumbre de Heisenberg es una propiedad fundamental e ineludible del mundo, y ha tenido implicaciones profundas en la manera como vemos la realidad, implicaciones que, incluso más de setenta años después, no han sido apreciadas por muchos filósofos, y siguen siendo objeto de numerosas controversias. El principio de incertidumbre puso fin al sueño de Laplace de una teoría de la ciencia en que el modelo del universo fuese completamente determinista: ¡no podemos predecir acontecimientos futuros con exactitud si ni tan siquiera podemos medir con precisión el estado actual del universo!

Queda la posibilidad de imaginar que existe un conjunto de leyes que determinan completamente los acontecimientos a la vista de algún ser sobrenatural que, a diferencia de nosotros, pudiera observar el estado actual del universo sin perturbarlo. Sin embargo, tales modelos de universo no son de gran interés para nosotros, simples mortales. Parece mejor utilizar el principio de economía conocido como navaja de Occam y suprimir todos los rasgos de la teoría que no pueden ser observados. Este enfoque condujo a Heisenberg, Edwin Schrödinger y Paul Dirac en los años veinte a reformular la mecánica newto-

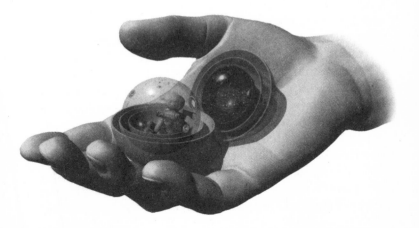

niana en una nueva teoría llamada mecánica cuántica, basada en el principio de incertidumbre. En esta teoría, las partículas no tienen posiciones y velocidades separadas y bien definidas, sino un estado cuántico, que es una combinación de posición y velocidad definida tan sólo dentro de los límites del principio de incertidumbre.

Una de las propiedades revolucionarias de la mecánica cuántica es que no predice un solo resultado definido para una observación, sino un cierto número de resultados posibles, y nos dice cuál es la probabilidad de obtener cada uno de ellos. Es decir, si en un gran número de sistemas parecidos, cada uno de los cuales hubiera empezado de la misma manera, hiciéramos la misma medición, hallaríamos que el resultado de la medida sería A en un cierto número de casos, B en un número diferente de casos, y así sucesivamente. Podríamos predecir el número aproximado de veces en que el resultado sería A o B, pero no podríamos predecir el resultado concreto de una medida individual.

Por ejemplo, imaginemos que lanzamos un dardo hacia un blanco. Según las teorías clásicas —es decir, las viejas teorías no cuánticas—, el dardo tocará o no el centro de la diana. Si fuéramos capaces de saber la velocidad del dado al lanzarlo, y la atracción de la gravedad, etc., podríamos calcular si tocará o no la diana. Pero la teoría cuántica dice que esto no es verdad, que no podemos afirmar con seguridad que existe una cierta probabilidad de que el dardo alcance el centro de la diana, y otra probabilidad no nula de que vaya a alguna otra zona del blanco. Para un objeto del tamaño de un dardo, si la teoría clásica —en este caso las leyes de Newton— afirma que el dardo irá al centro de la diana, podemos estar seguros de que sucederá así. Al menos, la probabilidad de que no sea así (según la teoría cuántica) es tan pequeña que si siguiéramos lanzando el dardo exactamente de la misma manera hasta el final del universo, probablemente nunca observaríamos que no diera en el centro de la diana. Pero en escala atómica las cosas son diferentes. Un dardo constituido por un solo átomo puede tener una probabilidad de un noventa por 100 de tocar el centro de la diana, un cinco por 100 de probabilidad de dar en alguna otra zona del blanco y otro cinco por 100 de probabilidad de dar fuera del blanco. No podemos decir de entrada cuál de estas posibilidades se dará. Todo lo que podemos decir es que si repetimos muchas veces el experimento, podemos esperar como promedio que, noventa de cada cien veces que repitamos el experimento, el dardo dará en el centro de la diana.

Por lo tanto, la mecánica cuántica introduce en la ciencia un elemento inevitable de impredecibilidad o aleatoriedad. Einstein se opuso rotundamente a ello, a pesar del importante papel que había desempeñado en el desarrollo de estas ideas. De hecho, Einstein fue galardonado con el premio Nobel por su contribución a la teoría cuántica, pero nunca aceptó que el universo estuviera regido por el azar, y resumió sus sentimientos al respecto en su famosa frase: «Dios no juega a los dados».

La prueba de una teoría científica, como hemos dicho, es su capacidad de predecir los resultados de un experimento. La teoría cuántica limita nuestras posibilidades. ¿Limita la teoría cuántica la ciencia? Para progresar, la manera en que hacemos ciencia debe ser dictada por la naturaleza. En este caso, la naturaleza exige que redefinamos lo que entendemos por predicción: quizá no podamos predecir exactamente el resultado de un experimento, pero podemos repetirlo muchas veces y confirmar que los diversos resultados posibles ocurren con las probabilidades predichas por la teoría cuántica. Así, a pesar del principio de incertidumbre, no es necesario abandonar la creencia en un mundo regido por leyes físicas. De hecho, la mayoría de los científicos acabó por aceptar la teoría cuántica precisamente porque concordaba a la perfección con los experimentos.

Una de las consecuencias más importantes del principio de incertidumbre de Heisenberg es que las partículas se comportan en algunos aspectos como ondas. Como hemos visto, no tienen una posición bien definida, sino que son «difuminadas» con una cierta distribución de probabilidad. Igualmente, aunque la luz está compuesta por ondas, la hipótesis cuántica de Planck indica que en algunos aspectos la luz también se comporta como si estuviera compuesta por partículas: sólo puede ser absorbida o emitida en paquetes o cuantos. De hecho, la teoría de la mecánica cuántica está basada en un tipo completamente nuevo de matemática que no describe el mundo real en función de partículas u ondas. Para algunos propósitos es más útil interpretar las partículas como ondas y en otros es mejor interpretar las ondas como partículas, pero estas maneras de pensar son puras conveniencias. Esto es lo que los físicos quieren decir cuando afirman que en la mecánica cuántica existe una dualidad entre partículas y ondas.

Una consecuencia importante del comportamiento ondulatorio en mecánica cuántica es la posibilidad de observar lo que se denomina interferencia entre dos conjuntos de partículas. Normalmente, se cree que la interferencia es un fenómeno de las ondas. Es decir, cuando chocan ondas, las crestas de un conjunto de ondas pueden coincidir con los valles del otro conjunto (en tal caso se dice que las ondas están en «oposición de fase»). Si esto ocurre, los dos conjuntos de ondas se pueden anular mutuamente en lugar de sumarse para dar una onda mayor, tal como habríamos podido esperar. Un ejemplo familiar de interferencia en el caso de la luz son los colores que a menudo se ven en las burbujas de jabón. Éstos son provocados por la reflexión de la luz a ambos lados de la película de agua que forma la burbuja. La luz blanca está formada por ondas luminosas de todas las longitudes de onda, o colores. Para ciertas longitudes de onda, las crestas de las ondas reflejadas en un lado de la película de jabón coinciden con los valles de las ondas reflejadas en el otro lado. Los colores correspondientes a estas longitudes de onda estarán ausentes de la luz reflejada, que, por tanto, parecerá estar coloreada. Pero la teoría cuántica afirma que también puede producirse interferencia para partículas, a causa de la dualidad introducida por la mecánica cuántica.

Un ejemplo famoso es el llamado experimento de las dos rendijas. Consideremos un tabique con dos rendijas estrechas paralelas. Antes de considerar qué ocurre cuando enviamos partículas a través de estas rendijas, examinemos qué pasa cuando enviamos luz. A un lado del tabique se coloca una fuente luminosa de un color particular (es decir, de una longitud de onda particular). La mayor parte de la luz chocará con el tabique, pero una pequeña

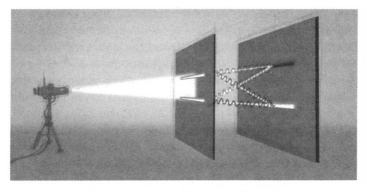

*Distancias recorridas e interferencia*

fracción atravesará las rendijas. Supongamos ahora que al otro lado del tabique colocamos una pantalla y consideremos uno cualquiera de sus puntos: recibirá ondas procedentes de ambas rendijas. Sin embargo, en general, la distancia que la luz debe recorrer desde la fuente luminosa hasta el punto de la pantalla a través de una de las rendijas será diferente de la distancia recorrida por la luz que pasa por la otra rendija. Como las distancias recorridas son diferentes, las ondas procedentes de las dos rendijas no estarán en fase entre sí cuando lleguen al punto. En algunos lugares, los valles de una onda coincidirán con las crestas de la otra, y las ondas se anularán mutuamente; en otros lugares, las crestas coincidirán con las crestas y los valles con los valles, y las ondas se reforzarán mutuamente; y en la mayoría de lugares, la situación será intermedia. El resultado es un patrón característico de luz y oscuridad.

Lo más destacable es que se obtiene exactamente el mismo tipo de patrón si sustituimos la fuente de luz por una fuente de partículas, como por ejemplo electrones con una velocidad definida (que significa que las correspondientes ondas de materia tienen una longitud de onda definida). Supongamos que sólo tenemos una rendija, y que empezamos a disparar electrones contra el tabique. La mayoría de los electrones será detenida por éste, pero algunos pasarán por la rendija y llegarán a la pantalla del lado opuesto. Por lo tanto, podemos pensar que abrir una segunda rendija en el tabique sólo incrementaría el número de electrones que chocan con cada punto de la pantalla. Pero cuando abrimos la segunda rendija, el número de electrones que chocan contra la pantalla aumenta en algunos puntos y disminuye en otros, como si los electrones estuvieran interfiriendo como ondas, en lugar de actuar como partículas.

Imaginemos ahora que enviamos los electrones a través de las rendijas uno a uno. ¿Seguirá habiendo interferencia? Podríamos esperar que cada electrón pasase por una rendija o la otra, y desapareciese el patrón de interferencia. Sin embargo, en realidad, incluso cuando los electrones son enviados uno a uno, persiste el patrón de interferencia. Cada electrón, por tanto, ¡debe pasar por ambas rendijas a la vez e interferir consigo mismo!

El fenómeno de interferencia entre partículas ha sido crucial para nuestra comprensión de la estructura de los átomos, las unidades básicas de que estamos compuestos nosotros y todo lo que nos rodea. A comienzos del siglo XX se creía que los átomos eran como los planetas que orbitan alrededor del sol, con los electrones (partículas de electricidad negativa) orbitando alrededor de un núcleo central, que llevaba electricidad positiva. Se suponía que la atracción entre la electricidad positiva y la negativa mantenía los electrones en sus órbitas, tal como la atracción gravitatoria entre el sol y los planetas mantiene a éstos en sus órbitas. El problema es que las leyes clásicas de mecánica y electricidad, anteriores a la mecánica cuántica, predecían que los electrones que girasen así emitirían radiación, por lo que perderían energía y, en consecuencia, girarían en espiral hasta chocar con el núcleo. Esto significaría que el átomo y, de hecho, toda la materia, ¡debería colapsarse rápidamente a un estado de densidad muy elevada, algo que obviamente no ocurre!

El científico danés Niels Bohr halló una solución parcial a este problema en 1913. Sugirió que quizá los electrones no puedan girar a cualquier distancia del núcleo central, sino sólo a ciertas distancias específicas. Si también se supone que sólo uno o dos electrones pueden girar a cada una de estas distancias, el problema del colapso se resolvería, porque una vez el limitado número de órbitas interiores estuviera completo, los electrones no podrían seguir cayendo hacia el interior. Este modelo explicaba muy satisfactoriamente la estructura del átomo más sencillo, el hidrógeno, que sólo tiene un electrón en órbita alrededor del núcleo, pero no quedaba claro cómo hacerlo extensible a átomos más complejos. Además, la idea de un conjunto limitado de órbitas permitidas parecía un mero recurso sin justificación, un truco que funcionaba matemáticamente, pero sin que nadie supiera por qué la naturaleza debía comportarse de esta manera, o qué ley más profunda representaba, si es que había alguna. La nueva teoría de la mecánica cuántica resolvió esta dificultad, al revelar que un electrón en órbita alrededor del núcleo puede ser interpretado como una onda, cuya longitud de onda sólo dependería de su velocidad. Imaginemos que la onda da la vuelta al núcleo a ciertas distancias específicas, como Bohr había postulado. Para algunas órbitas, su circunferencia correspondería a un número entero de longitudes de onda. Para estas órbitas, las crestas de la onda estarían en la misma posición cada vez que se diera una vuelta completa, de manera que las ondas se sumarían entre sí. Estas órbitas corresponderían a las órbitas permitidas de Bohr. Sin embargo, para órbitas cuyas longitudes no fueran un número entero de longitudes de onda, cada cresta de la onda acabaría por ser cancelada por un valle a medida que los electrones giraran, de manera que estas órbitas no serían permitidas. La ley de Bohr de órbitas permitidas y prohibidas tenía ahora una explicación.

Una manera especialmente elegante de visualizar la dualidad onda-partícula es la llamada idea de las múltiples historias introducida por el científico americano Richard Feynman. En su visión, se supone que una partícula no tiene una sola historia o camino en el espacio-tiempo, como ocurría en la teoría clásica (no cuántica), sino que se supone que se desplaza de A a B por todos los caminos posibles. A cada camino entre A y B, Feynman asoció un par de números. Uno representa la amplitud, o tamaño, de una onda y el otro la fase, o posición en el ciclo (es decir, si estamos en una cresta o un valle). La probabilidad de que una partícula vaya de A a B se calcula por adición de todas las ondas para todos los caminos que conectan A con B. En general, si se compara un conjunto de caminos contiguos, sus fases difieren considerablemente, lo que significa que las ondas asociadas con ellos casi se anularán entre sí. Sin embargo, para algunos conjuntos de caminos contiguos, la fase no variará mucho y las ondas correspondientes a ellos no se anularán. Tales caminos corresponden a las órbitas permitidas de Bohr.

Con la formulación matemática concreta de estas ideas resultó relativamente fácil calcular las órbitas permitidas en átomos más complejos e incluso en moléculas, que están constituidas por un gran número de átomos enlazados por electrones en órbitas que giran alrededor de más de un núcleo. Como la estructura de las moléculas y sus reacciones entre sí están en la base de toda la química y toda la biología, la mecánica cuántica nos permite en principio predecir casi todo lo que vemos a nuestro alrededor, dentro de los límites impuestos por el principio de incertidumbre. (En la práctica, sin embargo, no podemos resolver exactamente las ecuaciones para ningún átomo más

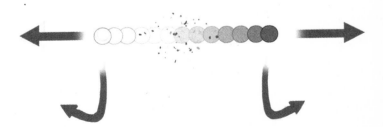

*Par electrón/positrón producido por un fotón energético*

allá del más simple, el hidrógeno, que sólo tiene un electrón, y debemos utilizar aproximaciones y ordenadores para analizar átomos más complejos y para moléculas.)

La teoría cuántica es una teoría muy satisfactoria e importante que constituye la base de casi toda la ciencia y tecnología modernas. Gobierna el comportamiento de los transistores y circuitos integrados, que son los componentes esenciales de dispositivos electrónicos como los de los televisores y ordenadores, y es también la base de la química y la biología modernas. Las únicas áreas de la física en que la mecánica cuántica no ha sido incorporada con propiedad son la gravedad y la estructura a gran escala del universo. La teoría general de la relatividad de Einstein no toma en consideración el principio de incertidumbre de la mecánica cuántica como debería hacerlo por coherencia con otras teorías.

Como vimos en el último capítulo, ya sabemos que la relatividad general debe ser modificada. Al predecir puntos de densidad infinita —singularidades—, la relatividad general clásica (es decir, no cuántica) predice su propio fracaso, del mismo modo que la mecánica clásica predijo su propio fracaso al sugerir que los cuerpos negros deberían radiar una cantidad infinita de energía, o que los átomos se deberían colapsar a una densidad infinita. Como en el caso de la mecánica clásica, esperamos poder eliminar estas singularidades inaceptables si convertimos la relatividad general clásica en una teoría cuántica, es decir, si formulamos una teoría cuántica de la gravedad.

Si la relatividad general está equivocada, ¿por qué la confirman todos los experimentos realizados hasta ahora? La razón de que todavía no hayamos observado ninguna discrepancia con las observaciones es que los campos gravitatorios que normalmente experimentamos son muy débiles. Pero, como hemos visto, el campo gravitatorio se debería hacer muy intenso cuando toda la materia y la energía del universo se comprime en un pequeño volumen en el universo primitivo. En presencia de estos campos tan intensos, los efectos de la teoría cuántica deberían ser importantes.

Aunque todavía no disponemos de una teoría cuántica de la gravedad, conocemos un cierto número de características que, creemos, debería poseer. Una es que debería incorporar la formulación de Feynman de la teoría cuántica en términos de una suma de historias. Una segunda característica que, creemos, debería formar parte de cualquier teoría última es la idea de Einstein de que el campo gravitatorio está representado por un espacio-tiempo curvo en el que las partículas intentan seguir el camino más próximo a una recta, pero como el espacio-tiempo no es plano sus caminos parecen estar curvados, como por un campo gravitatorio. Cuando aplicamos la idea de las múltiples historias de Feynman a la propuesta de Einstein para la gravedad, el análogo de la historia de una partícula es ahora un espacio-tiempo curvado completo que representa la historia de todo el universo.

En la teoría clásica de la gravedad, sólo hay dos comportamientos posibles del universo: o bien ha existido durante un tiempo infinito, o bien empezó en una singularidad hace un tiempo finito. Por razones que ya discutimos con anterioridad, creemos que el universo no ha existido siempre. Aun así, si tuvo un comienzo, de acuerdo con la relatividad general clásica, para conocer qué solución de las ecuaciones de Einstein lo describe, deberíamos conocer su estado inicial, es decir, cómo empezó el universo exactamente. Puede que Dios decretara originalmente las leyes de la naturaleza, pero en tal caso parece que desde entonces ha dejado que el universo evolucione según ellas y no interviene en él. ¿Cómo escogió el estado o configuración inicial del universo? ¿Cuáles eran las «condiciones en los límites» en el comienzo del tiempo? En relatividad general clásica, esto constituye un problema porque la teoría deja de ser válida en el comienzo del universo.

En la teoría cuántica de la gravedad, en cambio, surge una nueva posibilidad, que, si es correcta, solucionaría este problema. En la teoría cuántica es posible que el espacio-tiempo sea finito pero que no tenga singularidades que formen una frontera o un borde. El espacio-tiempo sería como la superficie de la tierra, sólo que con dos dimensiones adicionales. Tal como subrayamos antes, si viajamos en la superficie de la tierra siempre en la misma dirección, nunca nos encontramos con una barrera insuperable, sino que al final regresamos al punto de partida, sin caer por ningún borde ni toparnos con ninguna singularidad. Por lo tanto, si éste resultara ser el caso, la teoría cuántica de la gravedad habría abierto una nueva posibilidad en que no habría singularidades donde las leyes de la naturaleza dejaran de ser válidas.

Si el espacio-tiempo no tiene fronteras, no es necesario especificar su comportamiento en la frontera, esto es, no hay necesidad de conocer el estado inicial del universo. No existe un borde del espacio-tiempo en que debamos apelar a Dios o a alguna nueva ley que establezca las condiciones de frontera del espacio-tiempo. Podríamos decir: «La condición de frontera del universo es que no tiene fronteras». El universo estaría completamente autocontenido y no afectado por nada exterior a sí mismo. No sería creado ni destruido, simplemente sería. Mientras creímos que el universo tuvo un comienzo, el papel de un Creador parecía claro, pero si el universo está realmente autocontenido, sin bordes ni fronteras, sin origen ni final, la respuesta a la pregunta «¿cuál es el papel de un Creador?» no resulta tan obvia.

# 10

# Agujeros de gusano y viajes en el tiempo

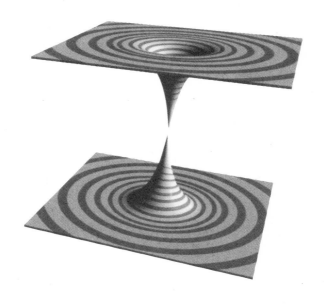

En los capítulos anteriores hemos visto cómo nuestra imagen de la naturaleza del tiempo había cambiado con los años. Hasta comienzos del siglo xx, se creía en un tiempo absoluto, es decir, que cada acontecimiento podía ser etiquetado de manera unívoca con un número llamado «tiempo» y que todos los buenos relojes indicarían el mismo intervalo temporal entre dos acontecimientos dados cualesquiera. Sin embargo, el descubrimiento de que la velocidad de la luz es la misma para todos los observadores, sea cual sea la velocidad de éstos, condujo a la teoría de la relatividad, y a abandonar la idea de un tiempo absoluto y único. El tiempo de los acontecimientos no podría ser etiquetado de manera única, sino que cada observador tendría su propia medida del tiempo, indicado por un reloj que viajaría consigo, y relojes transportados por diferentes observadores no tendrían por qué coincidir. Así, el tiempo deviene un concepto más personal, relativo al observador que lo mide. Sin embargo, sigue siendo tratado como una línea de ferrocarril recta, en la que se podría ir en una dirección o en la otra. ¿Pero qué pasaría si la vía tuviera ramificaciones y bucles, de manera que el tren, pese a seguir avanzando, pudiera regresar a una estación por la que ya había pasado? En otras palabras, ¿sería posible que alguien viajara al futuro o al pasado? H.G. Wells exploró estas posibilidades en *La máquina del tiempo*, como han hecho otros numerosos escritores de ciencia ficción. Pero sabemos que muchas de las ideas de la ciencia ficción, como los submarinos o los viajes a la luna, se han convertido en materias de hecho científico. Por lo tanto, es lícito preguntarse: ¿cuáles son las perspectivas de viajar en el tiempo?

Es posible viajar al futuro. Es decir, la relatividad demuestra que es posible concebir una máquina del tiempo que nos permita saltar al futuro. Entramos en la máquina del tiempo, esperamos, bajamos y hallamos que ha pasado mucho más tiempo en la tierra del que ha transcurrido para nosotros. Actualmente no disponemos de tecnología para hacerlo, pero esto es una cuestión de ingeniería: sabemos que en principio es factible. Un método de construir tal máquina sería explotar la situación de que hablamos en la paradoja de los gemelos del capítulo 6. En este método, nos introducimos en la máquina del tiempo, ésta produce una onda explosiva que nos acelera hasta casi la velocidad de la luz, recorremos un trecho (cuya extensión depende de cuán lejos queramos ir en el tiempo) y después regresamos. No nos debería sorprender que la máquina del tiempo sea también una nave espacial, porque, según la relatividad, tiempo y espacio están profundamente imbricados. En cualquier caso, en lo que nos atañe, el único «lugar» en que estaremos durante todo el proceso es la nave espacial, y cuando salgamos de ella, notaremos que ha pasado más tiempo en la tierra del que hemos notado que pasaba para nosotros. Hemos viajado hacia el futuro. Pero ¿podemos regresar al pasado? ¿Podemos crear las condiciones necesarias para viajar hacia atrás en el tiempo?

La primera indicación de que las leyes de la física podrían permitir realmente viajar hacia atrás en el tiempo se obtuvo en 1949, cuando Kurt Gödel descubrió una nueva solución de las ecuaciones de Einstein, es decir, un nuevo espacio-tiempo permitido por la teoría de la relatividad general. Muchos modelos matemáticos diferentes satisfacen las ecuaciones de Einstein para el universo. Difieren, por ejemplo, en sus condiciones iniciales o en los límites, y debemos comprobar sus predicciones físicas para decidir si pueden o no corresponder al universo en que vivimos.

Gödel era un matemático que se hizo famoso por haber puesto de manifiesto que es imposible demostrar todas las aseveraciones verdaderas, incluso si nos limitamos a intentar demostrar todos los enunciados verdaderos en un tema aparentemente tan nítido y árido como la aritmética. Como el principio de incertidumbre, el teorema de incompletitud de Gödel puede representar una limitación fundamental de nuestra capacidad de comprender y predecir el universo. Gödel se familiarizó con la relatividad general cuando él y Einstein pasaron sus últimos años en el Instituto de Estudios Avanzados de Princeton. El espacio-tiempo de Gödel tenía la curiosa propiedad de que el conjunto del universo está girando.

¿Qué significa decir que el *conjunto* del universo está girando? Girar significa dar vueltas, pero ¿no implica la existencia de un punto estacionario de referencia? De manera que podríamos preguntar: «¿Girando respecto a qué?». La respuesta es un poco técnica, pero es básicamente que la materia distante giraría respecto a direcciones indicadas por pequeñas peonzas o giroscopios, en el universo. En el espacio-tiempo de Gödel una consecuencia del efecto de rotación era que si viajáramos a gran distancia de la tierra y después regresáramos, sería posible llegar a la tierra antes de haber salido de ella.

Que sus ecuaciones pudieran permitir una cosa así realmente preocupó a Einstein, que creía que la relatividad general no permitiría viajar en el tiempo. Pero aunque satisface las ecuaciones de Einstein, la solución hallada por Gödel no corresponde al universo en que vivimos, porque las observaciones demuestran que nuestro universo no está girando, al menos apreciablemente. Además, el universo de Gödel no se expande, a diferencia del nuestro. Sin embargo, desde entonces, los científicos que estudian las ecuaciones de Einstein han encontrado otros espacio-tiempos permitidos por la relatividad general que permiten viajar al pasado. Aun así, las observaciones del fondo de microondas y la abundancia de elementos ligeros indican que nuestro universo primitivo no tenía el tipo de curvatura que estos modelos requieren para permitir viajar en el tiempo. La misma conclusión se sigue de bases teóricas si la propuesta de ausencia de fronteras es correcta. Así, la formulación adecuada de la pregunta es: si el universo empieza sin el tipo de curvatura necesaria para viajar en el tiempo, ¿podemos, con posterioridad, deformar suficientemente regiones locales del espacio-tiempo para que esto sea posible?

Como tiempo y espacio están relacionados, puede que no nos sorprenda que un problema íntimamente vinculado con la posibilidad de viajar hacia atrás en el tiempo sea la cuestión de si es o no posible viajar con velocidad superior a la de la luz. Que viajar en el tiempo implique viajar más rápido que la luz es fácil de ver: si en la última etapa del viaje retrocedemos en el tiempo, podríamos hacer que la duración total del periplo fuera tan corta como quisiéramos, ¡de manera que podríamos viajar con una velocidad ilimitada! Pero, como veremos, esto también funciona en el sentido opuesto: si podemos viajar con velocidad ilimitada, también podemos retroceder en el tiempo, de modo que una cosa no es posible sin la otra.

El tema de los viajes a velocidad más elevada que la luz es una preocupación central de los escritores de ciencia ficción. Su problema es que, según la relatividad, si enviáramos una nave espacial a la estrella más próxima al sol, Alfa Centauri, que está a unos cuatro años-luz de distancia, habría que esperar al menos ocho años para que los viajeros regresaran y nos dijeran lo que habían encontrado. Y si la expedición fuera al centro de nuestra galaxia, tardaría al menos unos cien mil años en regresar. ¡No es una situación demasiado halagüeña si lo que queremos es escribir sobre guerras espaciales! La teoría de la relatividad nos ofrece un consuelo, de nuevo en relación con nuestra discusión de la paradoja de los gemelos: es posible que el viaje parezca mucho más corto a los viajeros espaciales que a los que han permanecido en la tierra. Pero no debe de ser una gran alegría regresar de un viaje espacial unos pocos años más viejos y encontrarse con que todos los que dejamos en la tierra murieron hace miles de años. Por ello, para dar a sus historias cierto interés humano, los escritores de ciencia ficción han supuesto que algún día descubriríamos la manera de viajar más rápido que la luz. Al parecer, la mayoría de ellos no ha advertido que, de hecho, si se viajara más rápido que la luz, la teoría de la relatividad implicaría que también podríamos viajar hacia atrás en el tiempo, de forma que podrían ser verdad los siguientes versos:

Una jovencita de un pueblo andaluz,
más ligera y veloz que la mismísima luz,
a un largo viaje un día partió
y era antes de partir cuando al inicio regresó.

La clave de esta conexión es que la teoría de la relatividad no sólo afirma que no existe una única medida del tiempo en que coincidan todos los espectadores sino que, en ciertas circunstancias, éstos no están de acuerdo ni tan siquiera en el orden de los acontecimientos. En particular, si dos acontecimientos A y B están tan separados en el espacio que un cohete debe viajar más rápido que la luz para llegar del acontecimiento A al B, entonces dos observadores que se muevan a velocidades diferentes pueden discrepar sobre si el acontecimiento A ocurrió antes que el B, o el B antes que el A.

Supongamos, por ejemplo, que el acontecimiento A es la final de la carrera de 100 metros de los Juegos Olímpicos de 2012, y que el acontecimiento B es la apertura del 100.004 Congreso de Alfa Centauri. Supongamos que para un observador terrestre, el acontecimiento A ocurrió primero y después ocurrió B. Digamos que B ocurrió un año después, en el 2013 del tiempo terrestre. Como la tierra y Alfa Centauri están separadas por cuatro años-luz, estos acontecimientos cumplen el criterio anterior: aunque A ocurre antes que B, para llegar de A a B deberíamos viajar más rápido que la luz. En este caso, para un observador de Alfa Centauri que se alejara de la tierra a casi la velocidad de la luz, el orden de los acontecimientos sería el inverso: le parecería que B se produjo antes que A. Este observador afirmaría que es posible, si nos pudiéramos mover más rápido que la luz, ir del acontecimiento B al A. Y por lo tanto, si fuéramos realmente rápidos ¡podríamos también regresar de A a B antes de que la carrera se celebrase y hacer apuestas sobre ella sabiendo con certeza el ganador!

Pero romper la barrera de la velocidad de la luz supone un problema. La teoría de la relatividad afirma que la potencia necesaria para acelerar la nave espacial crece a medida que su velocidad se aproxima a la de la luz. Tenemos evidencias experimentales de esto, no con naves espaciales, sino con partículas elementales en los aceleradores de partículas como los del Fermilab o del CERN (Centro

Europeo de Investigaciones Nucleares). Podemos acelerar partículas hasta el 99,99 por 100 de la velocidad de la luz, pero sea cual sea la potencia que les suministremos, no podemos hacerlas atravesar la barrera de la velocidad de la luz. Algo semejante pasaría con las naves espaciales: fuera cual fuera la potencia de sus cohetes, no podrían acelerar hasta una velocidad superior a la de la luz. Y como el viaje hacia atrás en el tiempo sólo es posible si también lo es viajar con velocidad superior a la de la luz, puede parecer que esto prohíba tanto el viaje espacial rápido como viajar hacia atrás en el tiempo.

Sin embargo, existe una posible manera de superar esta restricción: deformar el espacio-tiempo de modo que se abra un atajo entre A y B. Una manera de hacerlo sería crear un agujero de gusano entre A y B. Tal como su nombre sugiere, un agujero de gusano es un fino tubo de espacio-tiempo que puede conectar dos regiones casi planas muy distantes entre sí. Es como si estuviéramos al pie de una alta cordillera: para llegar al otro lado, normalmente deberíamos subir un gran trecho y después bajar, pero no sería así si un agujero de gusano gigante atravesara la roca horizontalmente. Imaginemos que somos capaces de producir o de encontrar un agujero de gusano que conduzca desde la vecindad de nuestro sistema solar a Alfa Centauri, de modo que la distancia a través del agujero de gusano sea de tan sólo unos pocos millones de kilómetros, aunque la tierra y Alfa Centauri estén separados por unos cuarenta billones de kilómetros en el espacio ordinario. Si transmitimos las noticias de la carrera de 100 metros a través del agujero de gusano, podría haber tiempo más que suficiente para que éstas llegaran allí antes de la apertura del Congreso. Pero entonces un observador que se desplazara hacia la tierra también debería ser capaz de hallar otro agujero de gusano que le permitiera venir desde la apertura del Congreso de Alfa Centauri a la tierra antes del comienzo de la carrera. De este modo, los agujeros de gusano, como cualquier otra forma posible de viajar más rápido que la luz, permitirían viajar hacia el pasado.

La idea de agujeros de gusano entre diferentes regiones del espacio-tiempo no es un invento de los escritores de ciencia ficción, sino que procede de una fuente muy respetable. En 1935, Einstein y Nathan Rosen publicaron un artículo donde demostraron que la relatividad general permitía lo que denominaron «puentes», y que ahora son conocidos como agujeros de gusano. Los puentes de Einstein-Rosen no duraban lo suficiente para que una nave espacial los pudiera recorrer: la nave caería a una singularidad cuando el agujero negro se colapsara. Sin embargo, se ha sugerido que una civilización avanzada podría mantener abierto un agujero de gusano. Es posible demostrar que para conseguirlo, o para deformar el espacio-tiempo de alguna otra manera que permita viajar en el tiempo, se necesita una región de espacio-tiempo con curvatura negativa, como la superficie de una silla de montar. La materia ordinaria, que tiene una densidad de energía positiva, confiere una curvatura positiva al espacio-tiempo, como la superficie de una esfera. Así, lo que se necesita para deformar el espacio-tiempo de forma que permita viajar hacia el pasado, es materia con densidad de energía negativa.

¿Qué significa tener una densidad de energía negativa? La energía se parece un poco a la moneda: si tenemos un balance positivo, podemos distribuirla de diferentes formas, pero según las leyes clásicas en que se creía a comienzos del siglo XX, no se nos permite tener cuentas con saldo negativo. Así, las leyes clásicas habrían prohibido densidades de energía negativas, y por lo tanto la posibilidad de viajar hacia atrás en el tiempo. Sin embargo, como hemos dicho en los capítulos anteriores, las leyes clásicas fueron superadas por las leyes cuánticas basadas en el principio de incertidumbre. Estas leyes cuánticas son más liberales y nos permiten endeudarnos en una o dos cuentas siempre que el balance total sea positivo. En otras palabras, la teoría cuántica permite que la densidad de energía sea negativa en algunos lugares, siempre y cuando ello sea compensado por las densidades de energía positivas en otros lugares, de modo que la energía total permanezca positiva. Por tanto, tenemos razones para creer que el espacio-tiempo puede ser deformado de la manera necesaria para poder viajar en el tiempo.

Según la idea de Feynman de las múltiples historias, el viaje en el tiempo hacia el pasado ya ocurre a escala de partículas elementales individuales. En el método de Feynman, una partícula ordinaria que se mueve hacia adelante en el tiempo es equivalente a una antipartícula que se mueve hacia atrás en el tiempo. Según sus cálculos, podemos considerar un par partícula-antipartícula, que son creadas conjuntamente y se aniquilan mutuamente, como una partícula que se mueve en un bucle cerrado en el espacio-tiempo. Para verlo, representemos primero el proceso en la forma tradicional. En un cierto instante, digamos A, son creadas una partícula y una antipartícula. Ambas se mueven hacia adelante en el tiempo. En un instante posterior, B, interaccionan de nuevo y se aniquilan. Antes de A, y después de B, no existe ninguna de las partículas. Según Feynman, sin embargo, podemos considerar esta situación de una manera completamente diferente. En A, se produce una sola partícula, que se mueve hacia adelante en el tiempo hasta B, y después retrocede en el tiempo hasta A. En lugar de tener una partícula y una antipartícula moviéndose juntas hacia adelante en el tiempo, hay tan sólo un único objeto que avanza en un «bucle» de A a B y retrocede después de B a A. Cuando el objeto se mueve hacia adelante en el tiempo (de A a B), se denomina partícula, pero cuando retrocede en el tiempo (de B a A), parece como una antipartícula que viaja hacia adelante en el tiempo. Dicho viaje en el tiempo puede producir efectos observables. Entonces podemos preguntar: ¿también permite la teoría cuántica viajar en el tiempo a una escala macroscópica, que pudiera ser utilizada por nosotros? A primera vista, parece que debería ser así. Se supone que la propuesta de Feynman de múltiples historias debería ser válida sobre todas las historias. Por lo tanto, debería incluir historias en que el espacio-tiempo esté tan deformado que sea posible viajar al pasado.

Cabría esperar, una vez examinadas estas consideraciones teóricas, que a medida que la ciencia y la tecnología avanzasen, pudiésemos lograr construir una máquina del tiempo. Pero, incluso si las leyes conocidas de la física no parecen prohibir el viaje en el tiempo, ¿existen otras razones para poner en duda que ello sea posible?

Una cuestión es que, si pudiéramos viajar hacia el pasado, ¿por qué nadie ha regresado del futuro y nos ha comunicado cómo hacerlo? Podría haber buenas razones por las cuales resultara poco prudente comunicarnos el secreto del viaje en el tiempo en nuestro estado presente de desarrollo, aún bastante primitivo, pero, a no ser que la naturaleza humana cambie radicalmente, resulta difícil creer que algún visitante del futuro pudiera resistir la tentación de decírnoslo. Naturalmente, alguna gente pretendería que las visiones de ovnis son una evidencia de que nos visitan alienígenas o personas procedentes del futuro. (Dada la gran distancia a las otras estrellas, puede que las dos posibilidades sean equivalentes.) Una posible explicación de la ausencia de visitantes del futuro sería que el pasado está fijado porque lo hemos observado y sabemos

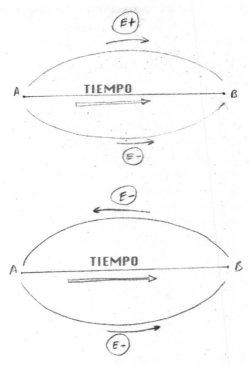

*Partícula y antipartícula: interpretación habitual*
*e interpretación de Feynman*

que no tiene el tipo de deformación necesaria para regresar desde el futuro. En cambio, el futuro es desconocido y abierto, de manera que bien podría tener la curvatura requerida. Ello significaría que cualquier viaje en el tiempo estaría confinado al futuro. No existiría la posibilidad de que el capitán Kirk y la nave estelar *Enterprise* regresasen al momento presente.

Esto podría explicar por qué todavía no hemos sido invadidos por turistas del futuro, pero no evitaría otro tipo de problema que se plantearía si fuéramos capaces de viajar al pasado y cambiar la historia. ¿Por qué no tenemos problemas con la historia? Supongamos, por ejemplo, que alguien regresara y entregara a los nazis el secreto de la bomba atómica. O que regresáramos al pasado y matáramos a nuestros tatarabuelos antes de que tuvieran hijos. Existen muchas versiones de esta paradoja, pero todas son esencialmente equivalentes: si pudiéramos viajar libremente al pasado, nos encontraríamos con contradicciones. Parece haber dos posibles soluciones a las paradojas planteadas por los viajes en el tiempo.

La primera puede ser llamada enfoque de las historias coherentes. Según ésta, aunque el espacio-tiempo estuviera deformado de manera que fuera posible viajar en el tiempo al pasado, lo que ocurra en el espacio-tiempo debe ser una solución coherente con las leyes de la física. En otras palabras, según este punto de vista, no podemos retroceder en el tiempo a no ser que la historia ya nos mostrara que habíamos retrocedido y, mientras estábamos allí, no habíamos matado a nuestro tatarabuelo ni cometido otros actos que entraran en conflicto con la historia de cómo llegamos a nuestra situación actual. Además, cuando retrocediéramos, no podríamos cambiar la historia registrada en los archivos; simplemente estaríamos siguiéndola. En esta visión, el pasado y el futuro están predeterminados: no tendríamos libre albedrío para hacer lo que quisiéramos.

Naturalmente, podríamos decir que de todos modos el libre albedrío es una ilusión. Si realmente hay una teoría física completa que lo gobierna todo, presumiblemente también determina nuestras acciones, pero lo hace de una manera que resulta imposible de calcular para un organismo de la complejidad de un ser humano, y hace intervenir una cierta aleatoriedad debida a efectos mecanicocuánticos. Así, se podría pensar que decimos que los seres humanos tenemos libre albedrío porque no podemos predecir lo que vamos a hacer. Sin embargo, si un hombre partiera en un cohete espacial y regresara antes de su partida, sería capaz de predecir lo que hará, porque formaría parte de la historia registrada. Así, en esta situación el viajero en el tiempo carecería de libre albedrío en todos los sentidos.

La otra manera de resolver las paradojas del viaje en el tiempo podría ser denominada la hipótesis de las historias alternativas. La idea, aquí, es que cuando los viajeros en el tiempo regresan al pasado, entran en historias alternativas que difieren de la historia que han vivido hasta entonces. Así, pueden actuar libremente, sin la restricción de coherencia con su historia anterior. Steven Spielberg se divirtió con esta idea en las películas *Regreso al futuro*: Marty McFly era capaz de regresar y convertir el noviazgo de sus padres en una historia más satisfactoria.

La hipótesis de las historias alternativas recuerda la manera de Richard Feynman de expresar la teoría cuántica como las múltiples historias. Ésta afirma que el universo no ha tenido una sola historia, sino todas las historias posibles, cada una de ellas con su propia probabilidad. Sin embargo, parece haber una diferencia importante entre la propuesta de Feynman y las historias alternativas. En las múltiples historias de Feynman, cada historia comprende todo el espacio-tiempo y todo lo que éste contiene. El espacio-tiempo puede ser tan deformado que permita viajar en un cohete hacia el pasado. Pero el cohete pertenecería al mismo espacio-tiempo y, por lo tanto, a la misma historia, que debería ser coherente. Así, la propuesta de las múltiples historias de Feynman parece apoyar la hipótesis de las historias coherentes más que la de las historias alternativas.

Podemos evitar estos problemas si adoptamos lo que

*Una máquina del tiempo*

podríamos llamar la conjetura de protección de la cronología, que establece que las leyes de la física conspiran para evitar que cuerpos macroscópicos lleven información hacia el pasado. Esta conjetura no ha sido demostrada, pero hay razones para pensar que es verdadera. El motivo es que cuando el espacio-tiempo es deformado suficientemente para que el viaje en el tiempo hacia el pasado sea posible, los cálculos demuestran que los efectos mecanicocuánticos pueden contrarrestar la deformación que permitiría el viaje en el tiempo. Aún no está claro si es así, de manera que la posibilidad de viajar en el tiempo permanece abierta. Pero no apueste por ella. Su oponente podría tener la ventaja desleal de conocer el futuro.

# 11

# Las fuerzas de la naturaleza y la unificación de la física

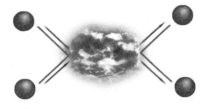

Como explicamos en el capítulo 3, sería muy difícil construir en un solo paso una teoría unificada completa de todo lo que ocurre en el universo. En cambio, hemos progresado descubriendo teorías parciales que describen un dominio limitado de fenómenos y despreciando otros efectos o aproximándolos mediante algunos parámetros numéricos. Las leyes de la ciencia, tal como las conocemos actualmente, contienen muchos parámetros (como el valor de la carga eléctrica del electrón y el cociente de las masas del protón y el electrón) que no podemos, al menos de momento, predecir de la teoría, sino que tenemos que hallar por observación, e insertarlos en las ecuaciones. Algunos llaman a estos parámetros numéricos «constantes fundamentales», y otros los llaman factores manipulables.

Sea cual sea nuestro punto de vista, lo sorprendente es que los valores de estos números parecen haber sido ajustados muy finamente para permitir el desarrollo de la vida. Por ejemplo, si la carga eléctrica del electrón hubiera sido un poco diferente, se habría alterado el balance entre las fuerzas electromagnéticas y gravitatorias en las estrellas, y o bien hubieran sido incapaces de convertir hidrógeno en helio, o bien hubieran explotado. En último término, esperaríamos encontrar una teoría unificada, completa y coherente, que incluyera todas estas teorías parciales como aproximaciones, y en la que los valores de sus parámetros arbitrarios, como por ejemplo el de la carga del electrón, tuvieran que ser seleccionados para ajustarse a las observaciones.

La búsqueda de tal teoría se conoce como la «unificación de la física». Einstein dedicó la mayor parte de sus últimos años a buscar infructuosamente una teoría unificada, pero los tiempos no estaban maduros: había teorías parciales de la gravedad y de la fuerza electromagnética, pero se sabía muy poco de las fuerzas nucleares. Además, Einstein rehusó creer en la realidad de la mecánica cuántica, a pesar del importante papel que había desempeñado en su desarrollo. Sin embargo, parece que el principio de incertidumbre es una característica fundamental del universo en que vivimos, de modo que una teoría unificada satisfactoria debe incorporarlo necesariamente.

Las perspectivas de hallar tal teoría parecen más halagüeñas en la actualidad, ya que conocemos mucho más sobre el universo. Pero debemos ser precavidos contra los excesos de confianza: ¡ya hemos vivido falsas auroras antes! A comienzos del siglo XX, por ejemplo, se creía que todo podía ser explicado en función de las propiedades de la materia continua, como la elasticidad y la conducción del calor. El descubrimiento de la estructura atómica y del principio de incertidumbre dio al traste con todo ello. De nuevo, en 1928, el físico y ganador del premio Nobel Max Born dijo a un grupo de visitantes de la Universidad de Gotinga: «La física, como sabemos, estará terminada dentro de seis meses». Su confianza se basaba en el reciente descubrimiento de Dirac de la ecuación que regía los electrones. Se creía que una ecuación semejante podría gobernar los protones, que era la otra partícula más que se conocía en aquel tiempo, y que con esto culminaría el final de la física teórica. Sin embargo, el descubrimiento del neutrón y de las fuerzas nucleares también hizo que se desvanecieran estas esperanzas. Una vez admitido esto, debemos reconocer, sin embargo, que existen motivos para un prudente optimismo de que nos podamos hallar ahora cerca del final de la búsqueda de las leyes últimas de la naturaleza.

En la mecánica cuántica, se supone que las fuerzas o interacciones entre las partículas de materia son transportadas por partículas. Lo que ocurre es que una partícula de materia, como un electrón o un quark, emite una partícula transportadora de fuerzas. El retroceso de esta emisión cambia la velocidad de la partícula de materia, por el mismo motivo que un cañón retrocede al disparar un proyectil. La partícula transportadora de fuerza choca con otra partícula de materia y es absorbida por ella, cambiando su movimiento. El resultado neto del proceso de emisión y absorción es el mismo que si hubiera habido una fuerza entre las dos partículas de materia.

Cada fuerza es transmitida por su propio tipo característico de partícula transportadora. Si las partículas transportadoras de fuerza tienen una masa elevada, será difícil producirlas e intercambiarlas a una distancia grande, por lo que las fuerzas que transportarán serán de corto alcance. En cambio, si las partículas transportadoras no tienen masa, las fuerzas tendrán largo alcance. Se dice que las partículas transportadoras de fuerza intercambiadas entre partículas de materia son partículas virtuales porque, a diferencia de las partículas «reales», no pueden ser registradas directamente por un detector de partículas. Sabemos que existen, sin embargo, porque tienen un efecto mensurable: dan lugar a las fuerzas entre las partículas de materia.

Las partículas transportadoras de fuerzas pueden ser

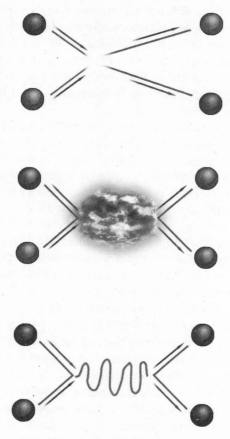

*Intercambio de partículas*

agrupadas en cuatro categorías. Debería subrayarse que esta división en cuatro clases es artificial; resulta adecuada para la construcción de teorías parciales, pero podría no corresponder a nada realmente profundo. En último término, la mayoría de físicos espera encontrar una teoría unificada completa que explique las cuatro fuerzas como aspectos diferentes de una sola fuerza. Muchos dirían, incluso, que éste es el objetivo primordial de la física actual.

La primera categoría es la fuerza gravitatoria. Esta fuerza es universal, es decir, todas las partículas experimentan la fuerza de la gravedad, según su masa o energía. La atracción gravitatoria puede ser interpretada como el intercambio de unas partículas virtuales denominadas gravitones. La gravedad es la más débil de las cuatro fuerzas, con gran diferencia; es tan débil que no la notaríamos si no fuera por dos propiedades especiales que la caracterizan: puede actuar a largas distancias y siempre es de atracción. Ello significa que las fuerzas gravitatorias muy débiles entre las partículas individuales de dos cuerpos grandes, como la tierra y el sol, al sumarse pueden dar lugar a una fuerza importante. Las otras tres fuerzas o bien son de corto alcance, o a veces son de atracción y a veces de repulsión, de manera que tienden a anularse.

La siguiente categoría es la fuerza electromagnética, que interacciona con las partículas cargadas eléctricamente como los electrones y los quarks, pero no con partículas sin carga, como los neutrinos. Es mucho más intensa que la fuerza gravitatoria: la fuerza electromagnética entre dos electrones es un millón de billones de billones de billones (un 1 con 42 ceros detrás) de veces más intensa que la fuerza gravitatoria. Sin embargo, hay dos tipos de carga eléctrica: positiva y negativa. La fuerza entre dos cargas positivas es de repulsión, al igual que lo es entre dos cargas negativas, pero es de atracción entre cargas positivas y negativas.

Un cuerpo grande, como la tierra o el sol, contiene aproximadamente el mismo número de cargas positivas que negativas. Así pues, las fuerzas de atracción y repulsión entre las partículas individuales se anulan entre sí, y la fuerza electromagnética neta es muy pequeña. Sin embargo, a las escalas pequeñas de átomos y moléculas, la fuerza electromagnética domina. La atracción electromagnética entre electrones cargados negativamente y protones cargados positivamente hace que los primeros giren en órbita alrededor del núcleo, tal como la atracción gravitatoria hace que la tierra gire alrededor del sol. La atracción electromagnética es representada como un intercambio de un gran número de partículas virtuales llamadas fotones. De nuevo, los fotones intercambiados son partículas virtuales. Sin embargo, cuando un electrón cambia de una órbita a otra más próxima al núcleo, se libera energía y se emite un fotón real, que puede ser observado como luz visible por el ojo humano, si tiene la longitud de onda adecuada, o por un detector de fotones, como una película fotográfica. Igualmente, si un fotón real choca con un átomo, puede desplazar un electrón desde una órbita más cercana al núcleo a una órbita más lejana. Ello consume la energía del fotón, que es absorbido.

La tercera categoría se llama la fuerza nuclear débil. En la vida cotidiana no estamos en contacto directo con ella, pero es responsable de la radiactividad: el decaimiento de núcleos atómicos. La fuerza nuclear débil no fue bien comprendida hasta 1967, cuando Abdus Salam, en el Imperial College de Londres, y Steven Weinberg, en Harvard, propusieron independientemente teorías que la unificaban con la fuerza electromagnética, igual que Maxwell había unificado la electricidad y el magnetismo unos cien años antes. Las predicciones de la teoría eran tan acordes con los experimentos que, en 1979, Salam y Weinberg fueron galardonados con el premio Nobel de física, junto con Sheldon Glasgow, también de Harvard, que había sugerido teorías unificadas similares de las fuerzas electromagnética y débil.

La cuarta categoría es la fuerza más intensa de las cuatro, la fuerza nuclear fuerte. Es otra fuerza con la que tampoco tenemos un contacto directo, aunque es la que mantiene unido la mayoría de nuestro mundo cotidiano. Es la responsable de retener los quarks en el interior de los protones y los neutrones, y de mantener protones y neutrones unidos en los núcleos atómicos. Sin la fuerza fuerte, la repulsión eléctrica entre los protones cargados positivamente haría pedazos todos los núcleos atómicos del universo, excepto los del hidrógeno, que están formados por un solo protón. Se cree que esta fuerza es transportada por partículas llamadas gluones, que sólo interaccionan consigo mismos y con los quarks.

El éxito de la unificación de las fuerzas electromagnética y nuclear débil condujo a un cierto número de intentos de combinar estas dos fuerzas con la fuerza nuclear fuerte en lo que se llama una teoría de gran unificación (GUT). Este nombre es una exageración: las teorías resultantes no son ni mucho menos tan grandes, ni están completamente unificadas, ya que no incluyen la gravedad. Tampoco son en realidad teorías completas, porque contienen un cierto número de parámetros numéricos cuyos valores no pueden ser predichos por la teoría, sino que deben ser escogidos en concordancia con los experimentos. Sin embargo, pueden constituir un paso hacia una teoría completa, totalmente unificada.

La principal dificultad para hallar una teoría que unifique la gravedad con las otras fuerzas es que la teoría de la gravedad —la relatividad general— es la única que no es una teoría cuántica: no toma en consideración el principio de incertidumbre. Pero como las teorías parciales de las otras fuerzas dependen de la mecánica cuántica de un modo esencial, unificar la gravedad con las otras teorías requeriría hallar una manera de incorporar este principio a la relatividad general, es decir, de hallar una teoría cuántica de la gravedad, una tarea que hasta ahora nadie ha podido llevar a cabo.

La razón por la cual la formulación de una teoría cuántica de la gravedad ha demostrado ser tan difícil tiene que ver con el hecho de que el principio de incertidumbre significa que incluso el espacio «vacío» está lleno de pares de partículas y antipartículas virtuales. Si no lo estuviera, si el espacio «vacío» estuviera en realidad completamente vacío, ello significaría que todos los campos, como el gravitatorio y el electromagnético, deberían ser exactamente cero. Sin embargo, el valor de un campo y el de su tasa de cambio con el tiempo son análogos a la posición y la velocidad (que es el cambio de posición) de una partícula: el principio de incertidumbre implica que cuanta mayor es la precisión con que conocemos una de estas magnitudes, menor es la precisión con que conocemos la otra. Así, si un campo en el espacio vacío fuera exactamente nulo, debería tener un valor preciso (cero) y una tasa de cambio precisa (también cero), violando así dicho principio. Por lo tanto, debe haber un cierto mínimo de incertidumbre en el valor del campo, manifestado en forma de fluctuaciones cuánticas.

Podemos interpretar estas fluctuaciones como pares de partículas que aparecen conjuntamente en cierto instante, se separan, vuelven a juntarse de nuevo y se aniquilan mutuamente. Son partículas virtuales, como las partículas que transportan las fuerzas: a diferencia de las partículas reales, no pueden ser observadas directamente por un detector de partículas. Sin embargo, sus efectos indirectos, como los pequeños cambios en la energía de las órbitas de los electrones, pueden ser medidos y concuerdan con las predicciones teóricas con un notable grado de precisión. En el caso de las fluctuaciones del campo electromagnético, estas partículas son fotones virtuales, y en el caso de las fluctuaciones del campo gravitatorio son gravitones virtuales. En el caso de las fluctuaciones de los campos de las fuerzas fuerte y débil, sin embargo, los pares virtuales son pares de partículas de materia, como electrones o quarks. En este caso, un miembro del par virtual será una partícula y el otro una antipartícula (las antipartículas de la luz y de la gravedad coinciden con las partículas).

El problema es que las partículas virtuales tienen energía. De hecho, como existe un número infinito de pares virtuales de partículas, deberían tener una cantidad infinita de energía y, por lo tanto, según la famosa ecuación de Einstein $E = mc^2$, deberían tener una cantidad infinita de masa. ¡Según la relatividad general, ello significaría que su gravedad curvaría el universo a un tamaño infinitesimalmente pequeño! Esto, obviamente, no ocurre. Otros infinitos absurdos se presentan también en las otras teorías parciales —las de las fuerzas fuerte, débil y electromagnética—, pero en todas ellas un proceso denominado renormalización consigue eliminarlos, lo que ha permitido formular teorías cuánticas de tales fuerzas.

La renormalización introduce nuevos infinitos que tienen el efecto de anular los infinitos que surgen en la teoría. Sin embargo, no necesitan anularse exactamente. Es posible escoger los nuevos infinitos de manera que queden pequeños restos, que son denominados magnitudes renormalizadas de la teoría.

Aunque esta técnica es matemáticamente dudosa, en la práctica parece funcionar, y ha sido utilizada con las teorías de las fuerzas fuerte, débil y electromagnética para efectuar predicciones que concuerdan con las observaciones con un extraordinario grado de precisión. Sin embargo, la renormalización presenta serios inconvenientes desde la perspectiva de intentar hallar una teoría completa, porque significa que los valores reales de las masas o de las intensidades de las fuerzas no pueden ser predichos por la teoría, sino que deben ser escogidos para ser acordes con las observaciones. Al intentar utilizar la renormalización para eliminar los infinitos cuánticos de la relatividad general, sólo disponemos de dos magnitudes ajustables: la intensidad de la gravedad y el valor de la constante cosmológica, el término que Einstein había introducido en sus ecuaciones porque creía que el universo no se expandía (capítulo 7). Resulta, sin embargo, que ajustar estos coeficientes no basta para eliminar todos los infinitos. Nos quedamos, pues, con una teoría cuántica de la gravitación que parece predecir que ciertas magnitudes, como la curvatura del espacio-tiempo, son realmente infinitas, aunque estas magnitudes pueden ser observadas y medidas y ¡son perfectamente finitas!

Que esto supondría un problema al combinar la relatividad general con el principio de incertidumbre se había sospechado durante algún tiempo, pero fue finalmente confirmado por cálculos detallados en 1972. Cuatro años más tarde, se propuso una posible solución, llamada «supergravedad». Desgraciadamente, los cálculos necesarios para saber si en esta teoría quedan o no quedan infinitos sin anular eran tan largos y difíciles que nadie estaba preparado para afrontarlos. Se suponía que incluso con un ordenador tomarían años, y que las probabilidades de cometer al menos un error (y seguramente más de uno) eran muy elevadas. Así, sólo se sabría que se tenía la respuesta correcta si alguien repitiera los cálculos y obtuviera la misma respuesta, ¡lo que no parecía muy probable! A pesar de estos problemas, y de que las partículas en las teorías de la supergravedad no parecían coincidir con las partículas observadas, la mayoría de los científicos creía que la supergravedad podría ser arreglada y que probablemente era la respuesta correcta a la unificación de la física. Parecía la mejor manera de unificar la gravedad con las otras fuerzas. Pero en 1984 se produjo un notable cambio de opinión a favor de lo que llamamos teorías de cuerdas.

Antes de las teorías de cuerdas, se creía que las partículas fundamentales ocupaban un punto en el espacio. En las teorías de cuerdas, los objetos básicos no son partículas puntuales, sino cuerdas que tienen longitud y ninguna otra dimensión, como un fragmento de cuerda infinitamente fina. Estas cuerdas pueden tener extremos (las llamadas cuerdas abiertas) o pueden juntar sus extremos y formar bucles cerrados (cuerdas cerradas). A cada instante, una partícula ocupa un punto en el espacio; en cambio, una cuerda ocupa una línea. Dos fragmentos de cuerda pueden unirse para formar una sola cuerda; en el caso de cuerdas abiertas, simplemente se unen por los extremos, mientras que en el caso de las cuerdas cerradas es como si las dos piernas de un pantalón se unieran. Asimismo, un solo fragmento de cuerda se puede dividir en dos cuerdas.

Si los objetos fundamentales del universo son cuerdas, ¿qué son las partículas puntuales que nos parece observar en los experimentos? En las teorías de cuerdas, lo que previamente se interpretaba como diferentes partículas puntuales se interpreta ahora como diversas ondas en las cuerdas, como las ondas en una cuerda vibrante. Pero las cuerdas, y las vibraciones a lo largo de ellas, son tan diminutas que ni tan siquiera nuestra mejor tecnología podría resolver su forma, y así se comportan, en todos nuestros experimentos, como puntos diminutos y sin características. Imaginemos que miramos una mota de polvo en el espejo: de cerca, o con una lupa, podemos ver que tiene una forma irregular o incluso una forma de cuerdecita, pero a cierta distancia parece un punto sin características particulares.

En la teoría de cuerdas, la emisión o absorción de una

partícula por otra corresponde a dividir o juntar cuerdas. Por ejemplo, la fuerza gravitatoria del sol sobre la tierra es representada en las teorías de partículas como una emisión de partículas transportadoras de fuerza, denominadas gravitones, por una partícula de materia del sol y su absorción por una partícula de materia de la tierra. En la teoría de cuerdas, este proceso corresponde a un tubo en forma de H (la teoría de cuerdas se parece a la fontanería, en este aspecto). Los dos palos verticales de la H corresponden a las partículas del sol y de la tierra, y el tubo horizontal corresponde al gravitón que viaja entre ellas.

La teoría de cuerdas tiene una historia curiosa. Fue inventada a finales de la década de 1960 en un intento de hallar una teoría que describiera la interacción fuerte. La idea era que las partículas como el protón y el neutrón podían ser consideradas como ondas en una cuerda. Las fuerzas nucleares fuertes entre las partículas corresponderían a los fragmentos de cuerda que iban entre otros fragmentos de cuerda, como en una tela de araña. Para que esta teoría diera el valor observado de la fuerza fuerte entre partículas, las cuerdas tenían que ser como bandas de goma con una tensión de unas diez toneladas.

En 1974, Joel Scherk, de París, y John Schwarz, del Instituto de Tecnología de California, publicaron un artículo en que demostraron que la teoría de cuerdas podría describir la naturaleza de la fuerza gravitatoria, pero sólo si la tensión era de unos mil billones de billones de billones (un 1 con 39 ceros detrás) de toneladas. Las predicciones de la teoría de cuerdas serían idénticas a las de la relatividad general a escalas de longitud normales, pero diferirían de ellas a distancias muy pequeñas, menores que una milmillonésima de billonésima de billonésima de centímetro (un centímetro dividido por un 1 seguido de 33 ceros). Su trabajo, sin embargo, no recibió mucha atención porque justo en aquel tiempo la mayoría de los investigadores abandonó la teoría de cuerdas original de las fuerzas fuertes a favor de la teoría basada en quarks y gluones, que parecía concordar mucho mejor con las observaciones. Scherk murió en circunstancias trágicas (tenía diabetes y sufrió un coma cuando no había nadie cerca para darle una inyección de insulina). Así, Schwarz quedó casi como el único partidario de la teoría de cuerdas, pero ahora con el valor propuesto mucho más elevado de la tensión de las cuerdas.

En 1984, el interés en las cuerdas revivió súbitamente, al parecer por dos motivos. Uno fue que realmente no se estaba progresando demasiado en la demostración de que la supergravedad fuera finita o que pudiera explicar los tipos de partículas que observamos. La otra fue la publicación de otro artículo de John Schwarz, esta vez en colaboración con Mike Green, del Queen Mary College de Londres, que demostraba que la teoría de cuerdas podría explicar la existencia de partículas que tienen carácter levógiro intrínseco, como algunas de las partículas que observamos. (El comportamiento de la mayoría de las partículas sería el mismo si cambiáramos el montaje experimental por su imagen especular; pero el comportamiento de estas partículas concretas cambiaría. Es como si fueran levógiras —o dextrógiras— en lugar de ser ambidiestras.) Fueran cuales fueran las razones, un gran número de investigadores empezó a trabajar en teoría de cuerdas y se desarrolló una nueva versión, que parecía capaz de explicar los tipos de partículas que observamos.

Las teorías de cuerdas también conducen a infinitos, pero se cree que éstos se anularán en una versión correcta de la teoría (aunque no lo sabemos con seguridad). Sin embargo, las teorías de cuerdas tienen un problema más grave: ¡sólo parecen ser coherentes si el espacio-tiempo tiene diez o veintiséis dimensiones, en lugar de las cuatro usuales!

Naturalmente, las dimensiones espacio-temporales adicionales son un lugar común en la ciencia ficción. En efecto, proporcionan una manera ideal de superar la restricción normal de la relatividad general de no poder viajar más rápido que la luz ni retroceder en el tiempo (véase el capítulo 10). La idea es tomar un atajo a través de las dimensiones adicionales. Podemos representar esto de la manera siguiente: imaginemos que el espacio en que vivimos sólo tiene dos dimensiones y está curvado como la superficie de una argolla o un donut. Si estuviéramos en el borde interior de la argolla y quisiéramos ir a un punto al otro lado de ella, deberíamos movernos en forma de círculo a lo largo del borde interior de la argolla hasta que alcanzáramos el punto deseado. Sin embargo, si pudiéramos viajar en la tercera dimensión, podríamos abandonar la argolla y atravesar el espacio en línea recta por un diámetro.

¿Por qué no observamos estas dimensiones adicionales, si es que realmente existen? ¿Por qué sólo vemos tres dimensiones espaciales y una temporal? La sugerencia es que las otras dimensiones no son como las dimensiones a que estamos acostumbrados, sino que están curvadas en un espacio diminuto, algo así como una millonésima de billonésima de billonésima de centímetro. Es tan pequeño que simplemente no las notamos: sólo vemos una dimensión temporal y tres dimensiones espaciales, en las cuales el espacio-tiempo es casi plano. Para imaginar cómo ocurre esto, pensemos en la superficie de una paja de beber. Si la miramos atentamente, vemos que la superficie es bidimensional, es decir, la posición de un punto en la paja queda descrita por dos números, la longitud a lo largo de la paja y la distancia en la dirección circular. Pero su di-

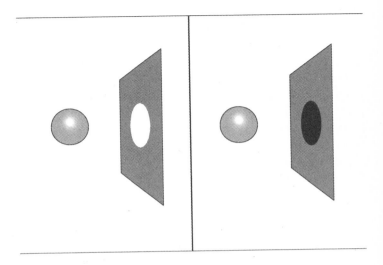

*La mayoría de las partículas se comportan igual que su imagen*
*especular, pero algunas se comportan de forma diferente*

mensión circular es mucho menor que su longitud, por lo cual, si miramos la paja desde cierta distancia, no vemos su grosor y parece unidimensional. Es decir, parece que para especificar la posición de un punto sólo se necesite la longitud a lo largo de la paja. Así, dicen los teóricos de cuerdas, es el espacio-tiempo: a escala muy pequeña es de diez dimensiones y muy curvado, pero a escalas mayores, no vemos la curvatura ni las dimensiones adicionales.

Si esta visión es correcta, supone malas noticias para los pretendidos viajeros del espacio: las dimensiones adicionales serían demasiado pequeñas para permitir el paso de una nave espacial. Sin embargo, suscita también un problema de envergadura para los científicos: ¿por qué algunas dimensiones, pero no todas, deben curvarse en una bola pequeña? Presumiblemente, en el universo muy primitivo todas las dimensiones deberían haber estado muy curvadas. ¿Por qué una dimensión tiempo y tres dimensiones espaciales se aplanaron, mientras las otras permanecían estrechamente curvadas?

Una posible respuesta es el principio antrópico, que puede ser parafraseado como «Vemos el universo como es, porque existimos». Hay dos versiones del principio antrópico: la débil y la fuerte. El principio antrópico débil establece que, en un universo que sea grande o infinito en el espacio y/o el tiempo, las condiciones necesarias para el desarrollo de vida inteligente sólo se cumplirán en ciertas regiones limitadas en el espacio y el tiempo. Los seres inteligentes en estas regiones no deberían sorprenderse, por tanto, si observan que en sus alrededores el universo satisface las condiciones necesarias para su existencia. Es como una persona rica que vive en un entorno rico, sin ver nunca la pobreza.

Algunos van mucho más allá y proponen una versión fuerte del principio. Según ésta, existen muchos universos diferentes o muchas regiones diferentes de un solo universo, cada uno de ellos con su configuración inicial y, quizá, con su propio conjunto de leyes científicas. En la mayoría de estos universos, las condiciones no serían adecuadas para el desarrollo de organismos complejos; sólo en los pocos universos que fuesen semejantes al nuestro se podrían desarrollar seres inteligentes que se plantearan la pregunta: «¿Por qué el universo es de la manera que vemos?». La respuesta es entonces sencilla: ¡si hubiera sido diferente, no estaríamos aquí!

Poca gente discutiría la validez o utilidad del principio antrópico débil, pero es posible plantear un cierto número de objeciones al principio antrópico fuerte como explicación del estado observado del universo. Por ejemplo, ¿en qué sentido podemos decir que existen todos estos diferentes universos? Si realmente están separados entre sí, lo que ocurre en otro universo no puede tener consecuencias observables en el nuestro. Por consiguiente, deberíamos utilizar el principio de economía y eliminarlos de la teoría. En cambio, si sólo fueran regiones diferentes de un solo universo, las leyes de la ciencia deberían ser las mismas en cada región, porque de otra manera no podríamos pasar suavemente de una región a otra. En este caso, la única diferencia entre las regiones radicaría en sus configuraciones iniciales, de manera que el principio antrópico fuerte se reduciría al débil.

El principio antrópico también proporciona una posible respuesta a la pregunta de por qué las dimensiones adicionales de la teoría de cuerdas están curvadas. Dos dimensiones espaciales no parecen suficientes para permitir el desarrollo de seres complejos como nosotros. Así, los animales bidimensionales que vivieran en una tierra unidimensional deberían trepar los unos sobre los otros para adelantarse. Si una criatura bidimensional comiera algo que no pudiera digerir completamente, debería vomitar los restos por la misma vía por donde los ingirió, porque si hubiera un conducto que atravesara todo su cuerpo, dividiría la criatura en dos mitades separadas y ésta caería a trozos. También es difícil ver cómo podría haber circulación de la sangre en una criatura bidimensional.

También habría problemas en espacios de más de tres dimensiones. La fuerza gravitatoria entre dos cuerpos decrecería más rápidamente con la distancia de lo que lo hace en tres dimensiones. (En tres dimensiones, la fuerza gravitatoria cae a una cuarta parte si duplicamos la distancia. En cuatro dimensiones, caería en un factor ocho, en cinco dimensiones caería en un factor dieciséis, y análogamente en otros casos.) La importancia de esto consiste en que las órbitas de los planetas, como la tierra, alrededor del sol serían inestables: la mínima perturbación de una órbita circular (por ejemplo, la provocada por la atracción gravitatoria de otros planetas) haría que la tierra describiera un movimiento espiral acercándose o alejándose del sol. O bien nos helaríamos o nos abrasaríamos. De hecho, el mismo comportamiento de la gravedad con la distancia en espacios de más de tres dimensiones implicaría que el sol no podría existir en un estado estable, con la presión contrarrestando la gravedad, sino que se rompería en pedazos o bien se colapsaría para formar un agujero negro. En ninguno de estos casos resultaría útil como fuente de luz y de calor para la vida terrestre. A menor escala, las fuerzas eléctricas que hacen que los electrones giren alrededor de los núcleos de los átomos se comportarían de la misma manera que la fuerza gravitatoria. Así, los electrones o bien escaparían completamente del átomo o bien caerían en espiral hacia el núcleo. En ninguno de los dos casos podrían existir átomos como los que conocemos.

Parece claro que la vida, al menos tal como la conocemos, sólo puede existir en regiones de espacio-tiempo en que una dimensión temporal y exactamente tres dimensiones espaciales no estén demasiado curvadas. Esto significa que podríamos apelar al principio antrópico débil, siempre y cuando pudiéramos demostrar que la teoría de cuerdas permite al menos que existan tales regiones del universo, y parece que efectivamente lo permite. También podría haber otras regiones del universo, u otros universos (*sea lo que sea* lo que signifique esto), en que todas las dimensiones estén muy curvadas o en que más de cuatro dimensiones sean prácticamente planas, pero en tales regiones no habría seres inteligentes para observar el número diferente de dimensiones efectivas.

Otro problema de la teoría de cuerdas es que hay al menos cinco teorías diferentes (dos teorías con cuerdas abiertas y tres con cuerdas cerradas) y millones de maneras de curvar las dimensiones adicionales predichas por la teoría. ¿Por qué deberíamos escoger sólo una teoría de cuerdas y un solo modo de plegamiento de las dimensiones? Durante un tiempo pareció que no había respuesta, y el progreso quedó atascado, pero aproximadamente desde 1994 se empezó a descubrir lo que se ha llamado dualidades: diferentes teorías de cuerdas y diferentes formas de curvar las dimensiones adicionales podrían conducir a los mismos resultados en cuatro dimensiones. Por otro lado, se descubrió que además de las partículas, que ocupan un punto del espacio, y las cuerdas, que son líneas, hay otros objetos denominados p-branas, que ocupan volúmenes bidimensionales o pluridimensionales en el espacio. (Una partícula puede ser considerada como una 0-brana y una cuerda como una 1-brana, pero también hay p-branas para p = 2 hasta p = 9. Una 2-brana puede ser considerada como algo parecido a una membrana bidimensional. ¡Es más difícil representar las branas pluridimensionales!) Lo que esto parece indicar es que hay un cierto tipo de democracia (en el sentido de tener igual voz) entre las teorías de supergravedad, de cuerdas y de p-branas: parece que sean compatibles entre sí, pero no se puede decir que una de ellas sea más fundamental que las otras. Más bien parecen ser aproximaciones distintas (cada una de ellas válida en situaciones diferentes) a alguna teoría más fundamental.

Estamos buscando esta teoría subyacente, pero hasta el momento sin éxito. Quizá no pueda haber una sola formulación de la teoría fundamental, de la misma manera que tampoco es posible formular la aritmética en función de un único conjunto de axiomas, como demostró Gödel. En vez de ello, la teoría podría ser como un conjunto de mapas; no podemos utilizar un solo mapa plano para describir la superficie redonda de la tierra o la superficie de una argolla: para cubrir cada punto, necesitamos al menos dos mapas en el caso de la tierra y cuatro para la argolla. Cada mapa sólo es válido en una región limitada, pero los distintos mapas se solapan en algunas regiones. Sólo la colección completa de mapas proporciona una descripción completa de la superficie. Análogamente, en física podría ser necesario utilizar diferentes formulaciones en diferentes situaciones, pero dos formulaciones diferentes deberían coincidir en las situaciones donde ambas sean aplicables.

Si es así, la colección completa de diferentes formulaciones podría ser considerada como una teoría unificada completa, aunque no pudiera ser expresada a partir de un solo conjunto de postulados. Pero incluso esto podría ser más de lo que la naturaleza permite. ¿Es posible que no exista teoría unificada alguna? ¿Estamos quizá persiguiendo un espejismo? Parece haber tres posibilidades:

1. Existe realmente una teoría unificada completa (o una colección de formulaciones que se solapan parcialmente) que descubriremos algún día si somos lo suficientemente avispados.

2. No existe una teoría última del universo, sino sólo una secuencia infinita de teorías que describen el universo cada vez con más precisión, pero nunca son exactas.

3. No existe ninguna teoría del universo: los acontecimientos no pueden ser predichos más allá de cierto punto, sino que ocurren de una manera aleatoria y arbitraria.

Algunos se sentirían atraídos por la tercera posibilidad, argumentando que la existencia de un conjunto completo de leyes limitaría la libertad de Dios para cambiar de opinión e intervenir en el mundo. Aun así, como Dios es todopoderoso, ¿no podría infringir Su propia libertad si así lo quisiera? Es un poco como la antigua paradoja: ¿puede crear Dios una piedra tan pesada que ni Él mismo pueda levantarla? En realidad, la idea de que Dios pueda cambiar de opinión es un ejemplo de la falacia, apuntada ya por san Agustín, de imaginar que Dios existe en el tiempo: el tiempo es una propiedad sólo del universo que Dios ha creado. ¡Cabe presumir que sabía lo que hacía cuando lo creó!

Con la llegada de la mecánica cuántica, hemos empezado a reconocer que los acontecimientos no pueden ser predichos con total precisión, sino que siempre existe un cierto grado de incertidumbre. Si lo deseáramos, podríamos atribuir esta aleatoriedad a la intervención de Dios, pero sería un tipo muy extraño de intervención, ya que no hay evidencias de que se oriente hacia ningún propósito concreto. En efecto, si lo hubiera, por definición no sería aleatorio. Hoy hemos eliminado efectivamente la tercera de las posibilidades mencionadas antes, redefiniendo el objetivo de la ciencia como la formulación de un conjunto de leyes que permitan predecir los acontecimientos sólo dentro de los límites establecidos por el principio de incertidumbre.

La segunda posibilidad, a saber, que exista una secuencia infinita de teorías cada vez más refinadas, es acorde con toda nuestra experiencia hasta el presente. En muchas ocasiones, al aumentar la sensibilidad de las mediciones o hacer nuevas clases de observaciones, hemos descubierto nuevos fenómenos que no eran predichos por las teorías existentes, y para poderlos explicar hemos debido desarrollar una teoría más avanzada. Estudiando partículas que interaccionan con más y más energía podemos efectivamente esperar encontrar algún día nuevas capas de estructura más básicas que los quarks y los electrones que hoy consideramos partículas «elementales».

La gravedad podría proporcionar un límite a esta secuencia de «cajas dentro de más cajas». Si hubiera una partícula con una energía superior a lo que llamamos energía de Planck, su masa estaría tan concentrada que se desgajaría a sí misma del resto de universo y formaría un pequeño agujero negro. Parece, pues, que la secuencia de teorías cada vez más refinadas debería tener algún límite a medida que vamos a energías cada vez más elevadas, de manera que hubiera una teoría última del universo. Sin embargo, la energía de Planck está muy lejos de las energías que podemos producir actualmente en el laboratorio, y no podremos franquear este foso con aceleradores de partículas, al menos en un futuro previsible. Los estadios muy primitivos del universo, sin embargo, son un escenario donde tales energías deben haberse producido. Existen buenas posibilidades de que el estudio del universo primitivo y las exigencias de coherencia matemática nos conduzcan a una teoría unificada completa en el tiempo de vida de algunos de nosotros, ¡suponiendo que antes no nos hagamos volar!

¿Qué significaría que realmente descubriéramos la teoría última del universo?

Tal como explicamos en el capítulo 3, nunca podríamos estar completamente seguros de haber hallado efectivamente la teoría correcta, ya que las teorías no pueden ser demostradas. Pero si la teoría fuera matemáticamente coherente y siempre proporcionara predicciones acordes con las observaciones, podríamos estar razonablemente confiados en que era correcta. Ello pondría fin a un largo y glorioso capítulo de la historia del esfuerzo intelectual de la humanidad para comprender el universo y, además, revolucionaría las posibilidades de las personas corrientes de comprender las leyes que rigen el universo.

En tiempos de Newton, una persona culta podía acceder al conjunto del conocimiento humano, al menos a grandes rasgos, pero desde entonces, el desarrollo incesante de la ciencia ha ido haciendo que esto resulte imposible. Como las teorías siempre están siendo modificadas para poder explicar nuevas observaciones, nunca son adecuadamente resumidas o simplificadas de modo que el público pueda comprenderlas. Tenemos que ser especialistas y, aun así, sólo podemos esperar tener un acceso adecuado a una pequeña proporción de las teorías científicas. Además, el ritmo del progreso es tan rápido que lo que aprendemos en la escuela o la universidad queda siempre un poco desfasado. Sólo unas cuantas personas pueden seguir el rápido avance de la frontera del conocimiento, y tienen que dedicar a ello todo su tiempo y especializarse en un área restringida. El resto de la población, en cambio, desconoce los avances que se están realizando y el entusiasmo que generan. Ahora bien, hace setenta años, si damos crédito a Eddington, sólo dos personas comprendían la relatividad general, en tanto que, actualmente, decenas de miles de graduados universitarios lo hacen y muchos millones de personas están al menos familiarizadas con la idea. Si descubriéramos una teoría unificada completa, sería sólo cuestión de tiempo resumirla, simplificarla y enseñarla en las escuelas, al menos en sus grandes líneas. Entonces, todos podríamos alcanzar cierta comprensión de las leyes que gobiernan el universo y que son responsables de nuestra existencia.

Sin embargo, incluso si descubriéramos una teoría unificada completa, ello no significaría que pudiéramos predecir los acontecimientos en general, por dos razones. La primera es la limitación que el principio de incertidumbre de la mecánica cuántica establece sobre nuestros poderes de predicción. Nada podemos hacer para evitarlo. En la práctica, sin embargo, esta primera limitación es menos restrictiva que la segunda. Ésta surge del hecho de que muy probablemente no podríamos resolver las ecuaciones de dicha teoría, salvo en algunas situaciones muy sencillas. Como hemos dicho, no podemos resolver exactamente las ecuaciones cuánticas para un átomo formado por un núcleo y más de un electrón. No podemos ni siquiera resolver exactamente el movimiento de tres cuerpos en una teoría tan sencilla como la teoría newtoniana de la gravedad, y la dificultad aumenta con el número de cuerpos y con la complejidad de la teoría. Las soluciones aproximadas habitualmente bastan para las aplicaciones, ¡pero difícilmente colman las grandes expectativas suscitadas por el término «teoría unificada de todo»!

Actualmente, conocemos ya las leyes que rigen el comportamiento de la materia en todas las condiciones, salvo las más extremas. En particular, conocemos las leyes básicas que constituyen la base de toda la química y la biología, pero, aun así, ciertamente no hemos reducido estos temas al estatus de problemas resueltos. ¡Y, de momento, estamos lejos de predecir el comportamiento humano a partir de ecuaciones matemáticas! Así, incluso si halláramos un conjunto completo de leyes básicas, todavía tendríamos en los años que quedan por delante el desafío intelectual de desarrollar mejores métodos de aproximación, para poder hacer predicciones útiles de los resultados probables, en situaciones complicadas y realistas. Una teoría unificada, completa, coherente, es sólo el primer paso: nuestro objetivo es una comprensión completa de los acontecimientos que nos rodean y de nuestra propia existencia.

# 12

# Conclusión

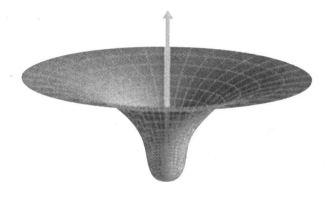

Nos encontramos en un mundo sorprendente. Quisiéramos conocer el sentido de lo que vemos a nuestro alrededor y nos preguntamos: ¿Cuál es la naturaleza del universo? ¿Cuál es nuestro lugar en él y de dónde viene y de dónde venimos nosotros? ¿Por qué es tal como es?

Para intentar contestar estas preguntas adoptamos una «imagen del mundo». Así como una torre infinita de tortugas que sostiene una tierra plana es una posible imagen del mundo, también lo es la teoría de supercuerdas. Ambas son teorías del universo, aunque la segunda es mucho más matemática y precisa que la primera. Ambas teorías carecen de evidencias observacionales: nadie ha visto ninguna tortuga gigante que sostenga la tierra sobre su caparazón, pero tampoco nadie ha visto una supercuerda. Sin embargo, la teoría de las tortugas no consigue ser una buena teoría científica porque predice que la gente debería caer por los bordes del mundo. Esto no concuerda con la experiencia, ¡a no ser que explique la desaparición de tanta gente en el triángulo de las Bermudas!

Los primeros intentos teóricos de describir y explicar el universo se basaban en la idea de que los acontecimientos y fenómenos naturales eran controlados por espíritus con emociones humanas que actuaban de una manera muy antropomórfica e impredecible. Estos espíritus habitaban objetos naturales, como ríos y montañas, incluidos los cuerpos celestes como el sol y la luna. Debían ser aplacados y se debía solicitar su favor para asegurar la fertilidad del suelo y el ciclo de las estaciones. Gradualmente, sin embargo, se fue advirtiendo la existencia de ciertas regularidades: el sol siempre amanecía por el este y se ponía por el oeste, se ofrecieran o no sacrificios al dios sol. Además, el sol, la luna y los planetas seguían trayectorias concretas en el cielo que podían ser predichas con antelación y precisión considerables. Tal vez el sol y la luna siguieran siendo dioses, pero eran dioses que obedecían leyes estrictas, aparentemente sin excepciones, si no contamos historias como la del sol detenido por Josué.

Al principio, estas regularidades y leyes sólo resultaban obvias en la astronomía y unas cuantas situaciones más. Sin embargo, a medida que se desarrolló la civilización, y particularmente en los últimos trescientos años, se fueron descubriendo cada vez más regularidades y leyes. El éxito de estas leyes condujo a Laplace, a comienzos del siglo XIX, a postular el determinismo científico; es decir, sugirió que habría un conjunto de leyes que determinaría con precisión la evolución del universo, dada su configuración en un instante dado.

El determinismo de Laplace resultó incompleto en dos aspectos. No decía cómo escoger las leyes y no especificaba la configuración inicial del universo, cosas que se dejaban a Dios. Dios podría escoger cómo empezó el universo y qué leyes obedecería, pero no intervendría en él una vez éste hubiera empezado. Así, Dios quedaba confinado a las áreas que la ciencia del siglo XIX no comprendía.

Sabemos ahora que las esperanzas de Laplace en el determinismo no pueden ser colmadas, al menos en los términos que él consideraba. El principio de incertidumbre de la mecánica cuántica implica que ciertos pares de magnitudes, como la posición y la velocidad de una partícula, no pueden predecirse simultáneamente con una precisión completa. La mecánica cuántica trata esta situación mediante una clase de teorías en que las partículas no tienen posiciones ni velocidades bien definidas, sino que están representadas por una onda. Estas teorías cuánticas son deterministas en el sentido de que establecen leyes para la evolución temporal de dicha onda, es decir, si conocemos ésta en un cierto instante, podemos calcularla en cualquier otro instante. El elemento aleatorio e impredecible sólo surge cuando intentamos interpretar la onda en función de las posiciones y las velocidades de las partículas. Puede que éste sea nuestro error: quizá no haya posiciones y velocidades de partículas, sino sólo ondas. Quizá nuestro intento de someter las ondas a nuestras ideas preconcebidas de posiciones y velocidades sea la causa de la impredecibilidad aparente.

En efecto, hemos redefinido la tarea de la ciencia como el descubrimiento de las leyes que nos permitirán predecir acontecimientos dentro de los límites establecidos por el principio de incertidumbre. Sin embargo, persiste la pregunta: ¿cómo o por qué se escogieron las leyes y el estado inicial del universo?

Este libro ha otorgado especial preeminencia a las leyes que rigen la gravedad, porque es ella, aunque sea la más débil de las cuatro fuerzas básicas, la que configura la estructura a gran escala del universo. Las leyes de la gravedad eran incompatibles con la imagen vigente hasta hace poco de que el universo no cambia con el tiempo: el carácter siempre atractivo de la gravedad implica que el universo debe estar o bien expandiéndose o bien contrayéndose. Según la teoría general de la relatividad, debe haber habido en el pasado un estado de densidad infinita, el big bang, que habría constituido un inicio efectivo del tiempo. De igual modo, si el conjunto del universo se volviera a colapsar, debería haber otro estado de densidad infinita en el futuro, el *big crunch*, que sería un final del tiempo. Incluso si el conjunto del universo no se volviera a colapsar, habría singularidades en las regiones localizadas cuyo colapso ha formado agujeros negros y que supondrían el final del tiempo para cualquiera que cayera en ellos. En el big bang y otras singularidades, todas las leyes habrían dejado de ser válidas, y Dios todavía habría tenido libertad completa para escoger lo que ocurrió y cómo empezó el universo.

Al combinar la mecánica cuántica con la relatividad general, parece surgir una nueva posibilidad que no cabía anteriormente: que el espacio y el tiempo puedan formar conjuntamente un espacio cuadridimensional finito sin singularidades ni fronteras, como la superficie de la tierra pero con más dimensiones. Parece que esta idea podría explicar muchas de las características observadas del universo, como su uniformidad a gran escala y también las separaciones de la homogeneidad a menor escala, como galaxias, estrellas e incluso los seres humanos. Pero si el universo estuviera completamente autocontenido, sin singularidades ni fronteras, y fuera completamente descrito por una teoría unificada, ello tendría profundas implicaciones para el papel de Dios como Creador.

Einstein se preguntó en cierta ocasión: «¿Qué posibilidades de elección tuvo Dios al construir el universo?». Si la propuesta de ausencia de fronteras es correcta, Dios no tuvo libertad alguna para escoger las condiciones iniciales, aunque habría tenido, claro está, la libertad de escoger las leyes que rigen el universo. Esto, sin embargo, podría no haber constituido en realidad una verdadera elección: bien podría ser que hubiera una sola o un número pequeño de teorías unificadas completas, como la teoría de cuerdas, que sean autocoherentes y permitan la existencia de estructuras tan complejas como los seres humanos, que pueden investigar las leyes del universo y preguntarse por la naturaleza de Dios.

Incluso si sólo es posible una única teoría unificada, se trata solamente de un conjunto de reglas y de ecuaciones. ¿Qué es lo que les insufla aliento y hace existir el universo descrito por ellas? El enfoque usual de la ciencia de construir un modelo matemático no puede contestar las preguntas de por qué existe el universo descrito por el modelo. ¿Por qué el universo se toma la molestia de existir? ¿Es la misma teoría unificada la que obliga a su existencia? ¿O necesita un Creador y, si es así, tiene Éste algún otro efecto en el universo? ¿Y quién lo creó a Él?

Hasta ahora, la mayoría de los científicos han estado demasiado ocupados desarrollando nuevas teorías que describan *cómo* es el universo para preguntarse *por qué* es el universo. En cambio, la gente cuya profesión es pre-

*¿Por qué existe el universo?*

guntarse el porqué, los filósofos, no han sido capaces de mantenerse al día en el progreso de las teorías científicas. En el siglo XVIII, los filósofos consideraron como su campo el conjunto del conocimiento humano, incluida la ciencia, y discutieron cuestiones como si el universo tuvo un comienzo. Sin embargo, en los siglos XIX y XX la ciencia se hizo demasiado técnica y matemática para los filósofos, o para cualquiera que no se contara entre unos pocos especialistas. A su vez, los filósofos redujeron tanto el alcance de sus inquietudes que Wittgenstein, el filósofo más célebre del siglo XX, dijo: «La única tarea que le queda a la filosofía es el análisis del lenguaje». ¡Qué triste final para la gran tradición filosófica desde Aristóteles a Kant!

Sin embargo, si descubriéramos una teoría completa, llegaría a ser comprensible a grandes líneas para todos, y no sólo para unos cuantos científicos. Entonces todos, filósofos, científicos y público en general, seríamos capaces de participar en la discusión de la pregunta de por qué existimos nosotros y el universo. Si halláramos la respuesta a esto, sería el triunfo último de la razón humana, ya que entonces comprenderíamos la mente de Dios.

# Biografías

# Albert Einstein

La relación de Einstein con la política de la bomba nuclear es bien conocida: firmó la célebre carta al presidente Franklin Roosevelt que acabó convenciendo a Estados Unidos de tomar seriamente en cuenta la idea, y se comprometió activamente con los esfuerzos que se llevaron a cabo durante la posguerra para prevenir la guerra nuclear. Pero éstas no fueron acciones aisladas de un científico que se ve arrastrado al mundo de la política, sino que, de hecho, toda la vida de Einstein estuvo, por decirlo con sus propias palabras, «dividida entre la política y las ecuaciones».

Las primeras actividades políticas de Einstein se desarrollaron durante la primera guerra mundial, cuando era profesor en Berlín. Enfurecido por lo que consideraba una dilapidación de vidas humanas, participó activamente en las manifestaciones contra la guerra. Su apoyo a la desobediencia civil y su exhortación pública a rehusar el enrolamiento en el ejército no contribuyeron demasiado a que sus colegas le apreciaran. Una vez acabada la guerra, orientó sus esfuerzos hacia la reconciliación y la mejora de las relaciones internacionales, lo que tampoco aumentó su popularidad, y pronto sus actitudes políticas le dificultaron visitar Estados Unidos, incluso como conferenciante.

La segunda gran causa de Einstein fue el sionismo. Aunque de ascendencia judía, Einstein rechazaba la idea bíblica de Dios. Sin embargo, una conciencia creciente del antisemitismo, antes y durante la primera guerra mundial, le llevó a identificarse cada vez más con la comunidad judía, hasta convertirse en un abierto defensor del judaísmo. Una vez más, el riesgo de hacerse impopular no le impidió expresar sus opiniones. Sus teorías fueron atacadas e incluso se fundó una organización anti-Einstein. Un hombre convicto de incitar al asesinato de Einstein sólo fue multado con unos seis euros. Pero el científico no se inmutó: cuando se publicó un libro titulado *Cien autores contra Einstein*, dijo: «Si estuviera realmente equivocado, ¡con uno solo hubiera bastado!».

En 1933, Hitler llegó al poder. Einstein estaba en América, y declaró que no regresaría a Alemania. Entonces, mientras las milicias nazis arrasaban su casa y sus cuentas bancarias eran confiscadas, un periódico de Berlín tituló: «Buenas noticias de Einstein: no regresará». Ante la amenaza nazi, Einstein renunció a su pacifismo, por temor a que los científicos alemanes construyeran una bomba nuclear, y propuso que Estados Unidos desarrollara la suya. Pero incluso antes de estallar la primera bomba, advirtió públicamente de los peligros de la guerra atómica y propuso un control internacional sobre el armamento nuclear.

Los esfuerzos de Einstein a lo largo de su vida en favor de la paz no lograron nada duradero, y ciertamente le granjearon muchas enemistades. Su apoyo explícito a la causa sionista, sin embargo, fue debidamente reconocido en 1952, cuando se le ofreció la presidencia de Israel. Él declinó la propuesta, diciendo que creía que era demasiado ingenuo para la política. Pero quizá la auténtica razón fue otra; por citarle una vez más: «Las ecuaciones son más importantes para mí, porque la política es para el presente, mientras que las ecuaciones son para la eternidad».

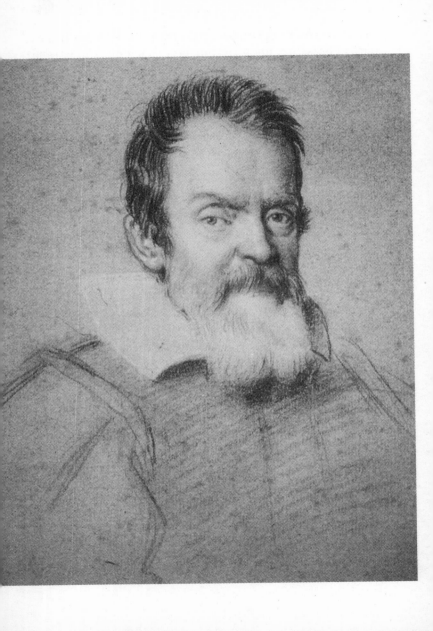

# Galileo Galilei

Galileo, quizá más que ninguna otra persona, representa el nacimiento de la ciencia moderna. Su famoso conflicto con la Iglesia Católica fue central en su filosofía, ya que Galileo fue uno de los primeros en sostener que el hombre podía esperar comprender cómo funciona el mundo y, además, que podía conseguirlo observando la realidad.

Galileo creyó en la teoría copernicana (a saber, que los planetas giran alrededor del sol) desde edad muy temprana, pero sólo cuando halló las evidencias necesarias para sostener la idea empezó a apoyarla públicamente. Escribió sobre la teoría de Copérnico en italiano (y no en el latín académico, lengua usual entonces) y pronto sus opiniones fueron ampliamente seguidas fuera de las universidades. Ello enojó a los profesores aristotélicos, que se unieron contra él e intentaron convencer a la Iglesia de su copernicanismo.

Preocupado por ello, Galileo viajó a Roma para hablar con las autoridades eclesiásticas. Argumentó que no pensaba que la Biblia dijera nada sobre las teorías científicas y que podía suponerse que, allí donde la Biblia entraba en conflicto con el sentido común, estaba siendo alegórica.

Pero la Iglesia temía un escándalo que pudiera minar su lucha contra el protestantismo, por lo que tomó medidas represivas: en 1616 declaró el copernicanismo «falso y erróneo» y ordenó a Galileo que nunca más «defendiera o sostuviera» dicha doctrina. Galileo tuvo que aceptar.

En 1623, un viejo amigo de Galileo fue elegido papa. Inmediatamente, el científico intentó que se revocara el decreto de 1616. No lo consiguió, pero obtuvo el permiso para escribir un libro que discutiera las teorías aristotélica y copernicana, con dos condiciones: no tomaría partido por ninguna de las dos, y llegaría a la conclusión de que los hombres en ningún caso pueden determinar cómo funciona el mundo, porque Dios podía conseguir los mismos efectos a través de maneras no imaginadas por el hombre, quien no podía, por tanto, poner restricciones a la omnipotencia divina.

El libro, *Diálogos sobre los dos grandes sistemas del mundo*, fue terminado y publicado en 1632, con el beneplácito de los censores, e inmediatamente fue saludado en Europa como una obra maestra literaria y filosófica. Pronto el Papa, al darse cuenta de que el público estaba considerando el libro como un argumento convincente a favor del copernicanismo, lamentó haber autorizado su publicación y arguyó que, a pesar de que el libro tenía las bendiciones oficiales de los censores, Galileo había contravenido el decreto de 1616; de modo que lo llevó ante la Inquisición, que lo sentenció a arresto domiciliario hasta el fin de sus días y le ordenó renunciar públicamente a su copernicanismo. De nuevo, Galileo tuvo que aceptar.

Nuestro científico siguió siendo un católico convencido, pero su creencia en la independencia de la ciencia se mantuvo indemne. Cuatro años antes de su muerte en 1642, cuando estaba bajo arresto domiciliario, el manuscrito de su segundo gran libro pasó a escondidas a un editor de Holanda. Este trabajo, titulado *Dos nuevas ciencias*, aún más que su apoyo a Copérnico, contribuyó a la génesis de la física moderna.

# Isaac Newton

Isaac Newton no era una persona agradable. Sus relaciones con otros académicos fueron tempestuosas, y se pasó la vida envuelto en acaloradas disputas. Tras la publicación de sus *Principia Mathematica*, seguramente el libro más influyente de la física, Newton alcanzó gran notoriedad. Fue elegido presidente de la Royal Society y fue el primer científico en ser nombrado caballero.

Newton pronto chocó con el astrónomo real, John Flamsteed, quien había proporcionado datos para los *Principia*, pero que después se reservó información deseada por Newton. Pero éste era incapaz de aceptar una negativa: se hizo nombrar miembro de la junta directiva del Observatorio Real e intentó obligar a la publicación inmediata de los datos. Al final, consiguió que el trabajo de Flamsteed le fuera arrebatado y preparado para la publicación por el enemigo mortal de éste, Edmond Halley. Pero Flamsteed acudió a los tribunales y consiguió detener la publicación. Newton, enfurecido, se vengó de él borrando su nombre de todas las referencias de las posteriores ediciones de los *Principia*.

Más seria aún fue su disputa con el filósofo alemán Gottfried Leibniz. Ambos habían desarrollado independientemente una rama de las matemáticas llamada cálculo, presente en la mayor parte de la física moderna. Se produjo una agria disputa sobre quién había sido el primero en descubrir, con científicos defendiendo enérgicamente a cada uno de los contendientes. Es sabido, sin embargo, que la mayoría de los artículos que aparecieron en defensa de Newton fueron escritos originalmente de su puño y letra, y ¡sólo se publicaron con el nombre de amigos! Cuando las discusiones arreciaron, Leibniz cometió el error de acudir a la Royal Society para dirimir la disputa. Newton, como presidente, nombró un comité «imparcial» para investigar, ¡casualmente formado en su integridad por amigos suyos! Pero esto no fue todo: Newton en persona escribió el informe del comité e hizo que la Royal Society lo publicara, acusando oficialmente a Leibniz de plagiario. No satisfecho con esto, hizo imprimir un resumen anónimo de dicho informe en la publicación periódica de la propia Royal Society. Tras la muerte de Leibniz, se dice que Newton declaró que había sentido una gran satisfacción por «romper el corazón de Leibniz».

Durante el período de estas dos disputas, Newton ya había dejado Cambridge y la academia. Había participado activamente en la política anticatólica en Cambridge y posteriormente en el Parlamento, y fue recompensado al fin con el lucrativo cargo de director de la Real Casa de la Moneda. Allí usó sus dotes para la intriga y el vitriolo de manera socialmente más aceptable, dirigiendo con éxito una importante campaña contra los falsificadores y enviando incluso a varios hombres a la muerte en galeras.

—— • ——

# Glosario

**Aceleración:**

Tasa con que varía la velocidad de un objeto en función del tiempo.

**Acelerador de partículas:**

Máquina que, mediante electroimanes, puede acelerar partículas cargadas en movimiento, e incrementar su energía.

**Acontecimiento:**

Un punto del espacio-tiempo, especificado por su posición y su tiempo.

**Agujero de gusano:**

Tubo fino de espacio-tiempo que conecta regiones distantes del universo. Los agujeros de gusano también pueden conectar universos paralelos o pequeños universos y podrían proporcionar la posibilidad de viajar en el tiempo.

**Agujero negro:**

Región del espacio-tiempo de la que nada, ni siquiera la luz, puede escapar, debido a la enorme intensidad de su gravedad.

**Antipartícula:**

Cada tipo de partícula de materia tiene su antipartícula correspondiente. Cuando una partícula choca con su antipartícula, se aniquilan mutuamente y sólo queda energía.

**Átomo:**

Unidad básica de materia ordinaria, formada por un núcleo minúsculo (que consta de protones y neutrones) rodeado por electrones que giran a su alrededor.

Big bang (o gran explosión primordial):
   Singularidad inicial del universo.
Big crunch (o gran implosión final):
   Singularidad al final del universo.

Campo:
   Algo que existe en todos los puntos del espacio y el tiempo,
   en oposición a una partícula, que en un instante dado sólo
   existe en un punto del espacio.
Campo magnético:
   Campo responsable de las fuerzas magnéticas, incorporado
   actualmente, junto con el campo eléctrico, en el campo elec-
   tromagnético.
Carga eléctrica:
   Propiedad de una partícula por la cual puede repeler (o
   atraer) otras partículas que tengan una carga del mismo signo
   (o del signo opuesto).
Cero absoluto:
   La temperatura más baja posible, a la que las sustancias no
   contienen energía térmica.
Condición de ausencia de límites:
   La idea de que el universo es finito pero no tiene límites.
Constante cosmológica:
   Artificio matemático utilizado por Einstein para dar al espa-
   cio-tiempo una tendencia innata a expandirse.
Coordenadas:
   Números que especifican la posición de un punto en el espacio
   y el tiempo.
Cosmología:
   Estudio del universo como un todo.

Desplazamiento hacia el rojo:
   Enrojecimiento de la radiación de una estrella que se está
   alejando de nosotros, debido al efecto Doppler.
Dimensión espacial:
   Cualquiera de las tres dimensiones, es decir, cualquier di-
   mensión a excepción de la dimensión temporal.

Dualidad:
   Correspondencia entre teorías aparentemente diferentes que conducen a los mismos resultados físicos.
Dualidad partícula-onda:
   Concepto de la mecánica cuántica según el cual no existen diferencias fundamentales entre ondas y partículas; las partículas se pueden comportar a veces como ondas y éstas como partículas.

Electrón:
   Partícula con carga eléctrica negativa que gira alrededor de los núcleos de los átomos.
Energía de unificación electrodébil:
   Energía (alrededor de 100 GeV) por encima de la cual las diferencias entre la fuerza electromagnética y la fuerza nuclear débil desaparecen.
Espacio-tiempo:
   Espacio cuadridimensional cuyos puntos son los acontecimientos.
Espectro:
   Frecuencias que componen una onda. La parte visible del espectro solar puede ser observada en el arco iris.
Estrella de neutrones:
   Estrella fría, sostenida por la repulsión entre neutrones debida al principio de exclusión.

Fase:
   En una onda, posición en su ciclo en un instante dado: una medida de si se halla en una cresta, en un valle, o en alguna situación intermedia.
Fotón:
   Cuanto de luz.
Frecuencia:
   En una onda, número de ciclos completos por segundo.
Fuerza electromagnética:
   Fuerza entre partículas con carga eléctrica; es la segunda fuerza más intensa de las cuatro fuerzas fundamentales.

Fuerza nuclear débil:

Segunda fuerza más débil de las cuatro fuerzas fundamentales, con un alcance muy corto. Afecta a todas las partículas de la materia, pero no a las que transmiten las fuerzas.

Fuerza nuclear fuerte:

Es la más intensa de las cuatro fuerzas fundamentales, y la que tiene más corto alcance. Mantiene unidos los quarks para formar protones y neutrones, y estas partículas unidas entre sí para formar núcleos atómicos.

Fusión nuclear:

Proceso en el que dos núcleos chocan y se unen para formar un núcleo mayor y más pesado.

Geodésica:

Camino más corto (o más largo) entre dos puntos.

Horizonte de sucesos:

Frontera de un agujero negro.

Longitud de onda:

Distancia entre dos crestas o dos valles consecutivos de una onda.

Masa:

Cantidad de materia en un cuerpo; su inercia, o resistencia a la aceleración.

Materia oscura:

Materia en las galaxias, cúmulos de galaxias y posiblemente entre los cúmulos de galaxias, que no puede ser observada directamente pero que puede ser detectada por sus efectos gravitatorios. Es posible que el noventa por 100 de la masa del universo esté en forma de materia oscura.

Mecánica cuántica:

Teoría desarrollada a partir del principio cuántico de Planck y del principio de incertidumbre de Heisenberg.

Neutrino:

Partícula extremadamente ligera (quizá con masa nula) sometida sólo a la fuerza nuclear débil y a la gravedad.

Neutrón:

Partícula sin carga eléctrica, parecida al protón, que constituye aproximadamente la mitad de las partículas en los núcleos atómicos.

Núcleo:

Parte central de un átomo, constituida por protones y neutrones, que se mantienen unidos por la fuerza nuclear fuerte.

Partícula elemental:

Partícula que se supone que no puede ser subdividida.

Partícula virtual:

En mecánica cuántica, partícula que nunca puede ser detectada directamente, pero cuya existencia tiene efectos mensurables.

Peso:

Fuerza ejercida sobre un cuerpo por un campo gravitatorio. Es proporcional, pero no idéntico, a su masa.

Positrón:

Antipartícula del electrón, de carga positiva.

Principio antrópico:

Idea según la cual vemos el universo como lo vemos porque, si fuera diferente, no estaríamos aquí para observarlo.

Principio cuántico de Planck:

Idea según la cual la luz (o cualquier otro tipo de ondas clásicas) puede ser absorbida o emitida en cuantos discretos, cuya energía es proporcional a su frecuencia.

Principio de exclusión:

Idea según la cual, para ciertos tipos de partículas, dos partículas idénticas no pueden tener (dentro de los límites establecidos por el principio de incertidumbre) la misma posición y la misma velocidad.

Principio de incertidumbre (o indeterminación):

Principio, formulado por Heisenberg, según el cual no podemos conocer con exactitud la posición y la velocidad de una partícula. Cuanto mayor es la precisión en la medida de una, menor lo es en la medida de la otra.

Proporcional:

«X es proporcional a Y» significa que cuando Y es multiplicada por un número, también X queda multiplicada por él. «X es inversamente proporcional a Y» significa que cuando Y es multiplicada por un número, X queda dividida por dicho número.

Protón:

Partícula de carga positiva, parecida al neutrón, que constituye aproximadamente la mitad de las partículas de los núcleos atómicos.

Puente de Einstein-Rosen:

Tubo fino de espacio-tiempo que conecta dos agujeros negros. (Véase también «agujero de gusano».)

Quark:

Partícula elemental (cargada) sensible a la fuerza nuclear fuerte. Los protones y los neutrones están compuestos por tres quarks, respectivamente.

Radar:

Sistema que utiliza pulsos de radioondas para detectar la posición de objetos a partir del tiempo que un impulso tarda en llegar al objeto y regresar, tras haberse reflejado en él, al emisor.

Radiación de fondo de microondas:

Radiación correspondiente al resplandor del universo primitivo caliente; actualmente está tan desplazada hacia el rojo que no se presenta como luz visible sino como microondas (con una longitud de onda de unos pocos centímetros).

Radiactividad:

Ruptura espontánea de algunos tipos de núcleos atómicos para dar núcleos de otros tipos.

Rayos gamma:

Rayos electromagnéticos de longitud de onda muy corta, producidos en el debilitamiento radiactivo o por colisiones de partículas elementales.

Relatividad especial:

Teoría de Einstein basada en la idea de que las leyes de la ciencia deben ser las mismas para todos los observadores, sea cual sea la velocidad con que se muevan, en ausencia de campos gravitatorios.

Relatividad general:

Teoría de Einstein basada en la idea de que las leyes de la ciencia deben ser las mismas para todos los observadores, sea cual sea su movimiento. Explica la fuerza de gravedad de la curvatura de un espacio-tiempo cuadridimensional.

Segundo-luz (año-luz):

Distancia recorrida por la luz en un segundo (en un año).

Singularidad:

Punto del espacio-tiempo cuya curvatura espacio-temporal (o cualquier otra magnitud física) se hace infinita.

Teoría de cuerdas:

Teoría de la física en que las partículas son descritas como ondas en cuerdas. Las cuerdas sólo tienen longitud y ninguna otra dimensión.

Teoría de gran unificación (GUT):

Teoría que unifica las fuerzas electromagnética, nuclear fuerte y nuclear débil.

# Índice onomástico

# Índice